U0220910

非凸变分不等式
——基本理论、数值分析及应用

姚斯晟　邱栎桦　杨昌波　著

科学出版社
北　京

内 容 简 介

本书以凸分析及弹塑性摩擦接触问题的变分解法为出发点，通过近似次微分等基础概念及性质的介绍，引入非凸分析的理论框架，结合热力学分析与变分理论，建立非凸变分不等式解的存在唯一性分析，进而在塑性形变屈服面非凸的情况下应用非凸变分不等式求解相关弹塑性模型. 本书特点是将变分不等式约束集非凸情况下理论求解方法的分析及其在弹塑性摩擦接触问题中的应用相结合，由浅入深地介绍非凸分析理论在非凸变分不等式及力学摩擦接触问题中如何使用与发挥作用，使学习过程结合理论与应用两个层面，较全面地理解理论学习与实际应用间的距离.

本书可作为数学、物理学专业本科高年级学生选修的教材，也可供研究生阶段及专业技术人员参考.

图书在版编目（CIP）数据

非凸变分不等式 : 基本理论、数值分析及应用 / 姚斯晟，邱栎桦，杨昌波著. -- 北京 : 科学出版社，2024. 6. -- ISBN 978-7-03-078872-6

Ⅰ. O178

中国国家版本馆 CIP 数据核字第 2024C1V634 号

责任编辑：郭勇斌　邓新平　张雨苗 / 责任校对：杨聪敏
责任印制：徐晓晨 / 封面设计：义和文创

科学出版社 出版
北京东黄城根北街 16 号
邮政编码: 100717
http://www.sciencep.com

北京建宏印刷有限公司

科学出版社发行　各地新华书店经销

*

2024 年 6 月第　一　版　开本：720×1000　1/16
2024 年11月第二次印刷　印张：9
字数：95 000

定价：79.00 元

(如有印装质量问题，我社负责调换)

前言

非凸分析是指没有凸性的性态分析. 它是非线性分析这门庞大学科的一个重要分支, 其重要性在过去的十数年中愈发凸显. 虽然某些有关凸性的成果可追溯到 18 世纪中叶, 但是近代的凸分析是在 20 世纪初由 H. Minkowski、C.Caratheodory 等人开始的. 他们对于多包形作了深入的研究, 奠定了凸分析相关的基本理论. 进入 20 世纪中后期, 由于理论与应用的不断深化, 许多的基本理论问题皆涉及非凸性, 这使非凸分析日益受到重视而深入发展. 20 世纪末, F. H. Clarke 与 R. A. Poliquin 分别引入近似光滑集与（一致）近似正则集用于研究非凸性. 但其产生后发展缓慢, 直到过去的十来年里, 才得以加速发展起来. 事实上, 研究发现前期在非凸集研究中常用的两类集合——近似光滑集与（一致）近似正则集, 二者的定义本质上是一致的, 因而在后续很多应用近似次微分对非凸性进行分析的研究中, 这两个定义被统一在一起, 称为（一致）近似正则集. 但由于（一致）近似正则集的相关理论结果, 尤其是关于近似次微分的运算性质、光滑性质等均仍不明确, 非凸分析进一步的发展似有受到阻碍的危险.

毫无疑问, 非凸分析得以发展的一个原因是: 人们认识到非凸现象广泛存在, 并发挥着重要的作用. 近年来, 非凸分析在泛函分析、优化理论、优化设计、力学和塑性、控制理论以及越来越多的一般分析领域

(临界点理论、不等式、不动点理论、变分方法 ……) 中发挥作用. 从哲学观念上看, 它的出现符合于认识世界的规律, 与突变、分形、混沌及非光滑理论等几类不规则与非线性行为的认识规律是一致的. 从长远来看, 其有望通过发展自身特有方法和基本结构, 逐步完善并成为非线性分析的一个自然组成部分.

我们在本书中加入了一些新的研究成果, 这些成果有助于理清书中主题在不同时期研究间的关系. 希望这些成果有益于非凸分析为更广泛的读者所接受. 本书的编写是为了让学过函数分析课程的人都能看懂. 本书第 1 章为问题的引入, 主旨是让读者对接下来书中的内容有一个整体和大致的了解, 并特别指出非凸分析为什么是有意义的. 第 2 章到第 7 章是本书的主体部分, 依次研究凸分析基础, 涉及其他预备知识、具时滞拟定常变分不等式问题、拟定常接触问题、具非凸屈服面的弹塑性问题及非凸变分不等式求解等. 本书主要结构和内容如下:

第 1 章, 结合实际应用问题介绍非凸分析方法, 尤其是非凸变分不等式方法引入的意义, 并介绍问题转化中常用的数学工具.

第 2 章, 基于对凸集与凸函数的介绍, 引入凸分析基础, 及其在优化理论与其他相关问题中所需的应用工具——次导数及次微分的定义及性质.

第 3 章, 介绍从力学问题引入拟定常变分不等式的思路和原理, 建立一类具时滞拟定常变分不等式的数学模型, 进而通过理论证明, 得到了解的存在唯一性结果.

第 4 章, 研究具时滞拟定常滑动支撑摩擦接触问题, 建立该接触问题的数学模型, 研究问题解的存在唯一性及扰动系统解的收敛性质.

第 5 章, 研究具时滞拟定常非局部库仑摩擦接触问题, 建立关于该接触问题的一个具时滞拟定常变分不等式的数学模型. 在得到问题解存在唯一性的基础上, 定义所研究系统的对偶变分问题并给出其与原问题解的等价关系.

第 6 章, 介绍非光滑非凸分析的一类代表性研究思路, 给出相关定义及其在优化问题与其他相关问题中所需的应用工具——近似次梯度及近似次微分.

第 7 章, 应用热力学方法对具有非凸屈服面的弹塑性问题进行分析, 构造相关弹塑性问题的非凸拟定常变分模型, 通过建立非凸集上非凸变分不等式与进行不动点问题的等价性描述, 得到非凸变分不等式解的存在性, 进而得到迭代逼近序列的收敛性结果.

目　录

前言

第 1 章　问题的引入 1

1.1　引言 1

1.2　非凸变分不等式及其应用 6

1.2.1　拟定常变分不等式 6

1.2.2　时滞问题 7

1.2.3　非凸集与非凸变分不等式 8

1.3　主要结论与展望 10

第 2 章　凸分析基础 14

2.1　凸集和锥 14

2.2　次导数 18

2.2.1　导数的定义 18

2.2.2　次导数的定义 18

2.2.3　次导数与次微分计算方式 19

2.2.4　性质及推广 20

2.2.5　次梯度 20

第 3 章　拟定常变分不等式问题 21

3.1　拟定常变分不等式的形成 21

3.2 具时滞拟定常变分不等式解的存在唯一性 ······ 26
3.2.1 基本假设 ······ 26
3.2.2 解的存在唯一性 ······ 30
第 4 章 具时滞拟定常滑动支撑摩擦接触问题 ······ 33
4.1 预备知识 ······ 34
4.2 模型描述与变分公式 ······ 39
4.3 具时滞滑动支撑摩擦接触问题解的存在唯一性 ······ 46
4.4 收敛性分析 ······ 56
第 5 章 具时滞拟定常非局部库仑摩擦接触问题 ······ 59
5.1 引言 ······ 59
5.2 预备知识 ······ 59
5.3 模型描述与变分公式 ······ 62
5.4 具时滞非局部库仑摩擦接触问题解的存在唯一性 ······ 66
5.5 变分公式的对偶问题 ······ 75
第 6 章 非光滑非凸分析基础 ······ 79
6.1 邻近点和近似法线 ······ 79
6.2 近似次梯度 ······ 82
第 7 章 具非凸屈服面弹塑性问题及相关非凸变分不等式的求解 ······ 89
7.1 引言 ······ 89
7.2 非凸集与非凸变分不等式 ······ 89
7.3 弹塑性形变问题的热力学分析 ······ 94
7.4 模型描述与变分公式 ······ 103

7.5　非凸变分不等式解的存在性定理 ········· 106
7.6　算法与收敛性 ········· 113
参考文献 ········· 116
索引 ········· 128

第 1 章 问题的引入

1.1 引 言

变分不等式问题 (variational inequality problem, VIP) 是一类十分重要的非线性问题. 它最早出现在数学物理方程的分析研究中, 是应用数学领域中的一个重要分支部分, 在数理经济、非线性最优化理论、对策论、控制论等问题研究中具有十分重要的作用, 并与力学 (黏弹塑性理论)、微分方程、社会和经济模型、经济平衡问题等许多应用学科有着广泛联系并发挥着积极且重要的作用 [1-3].

变分不等式的分析理论和求解方法自产生起始终受到大量研究者的关注并获得不断的发展和创新. 作为变分原理的推广, 变分不等式最早于 1964 年由 Stampacchia [4] 引入其数学表达式. 之后 Lions 和 Stampacchia 在严格的数学框架下系统地对变分不等式进行了研究, 从而构建了初期的变分不等式理论体系. 他们所提出的变分不等式理论随着在纯理论及应用科学中的不断研究发展和壮大, 越来越展现出其在处理众多互不相关的问题时能够提供一个相对自然、简单、统一及有效的框架这一优势, 因此吸引了大量的数学家和工程技术工作者对变分不等式的相关问题进行分析研究.

Hartman 和 Stampacchia 建立变分不等式理论基础时所提出的数

学表达式, 后来被以他们的名字命名为 Hartman-Stampacchia 变分不等式问题 [5], 他们在有限维空间中证明了该类变分不等式问题解的存在性. 接着, Browder 将这一结论推广到无穷维空间 [6]. 变分不等式方法也渐渐引起更多研究人员的关注, 他们结合力学、经济、对策论、控制论、常 (偏) 微分方程和最优化等方面的问题对各类变分不等式问题进行了深入的应用分析与研究 [7-9]. 随着对问题研究的不断深入, 众多具有不同理论深度与应用背景的变分不等式问题涌现出来, 如 1973 年, Bensoussan 和 Lions[10,11] 在研究与随机脉冲控制相关的一些问题时, 提出并研究了拟变分不等式. Tan [12], 张石生和朱元国 [13] 研究了单值映像和集值映像情形下的随机变分不等式及随机互补问题. 1988 年, Noor[14] 引入了广义变分不等式, 作为一类重要的变分不等式的推广形式, 广义变分不等式为许多奇序问题、非对称障碍问题、平衡问题、非线性非凸规划和伪变分不等式问题提供了统一的研究框架.

变分不等式及其各类变形形式的持续研究不仅促进了变分不等式形式和解 (定性) 理论的不断发展, 而且也对建立高效算法获得相关问题的解起到了积极的促进作用. 关于变分不等式的数值算法, 包括投影方法及其各类变形形式、牛顿型算法、投影收缩算法、维纳–霍普夫方程技术及辅助性原理等, 这些算法帮助研究人员解决了大量有重要意义的问题, 参见文献 [15-17]. 投影方法是寻找各类变分不等式逼近解的重要工具, 最早由 Lions 与 Stampacchia [8] 引入, 其后许多研究者将这一技术不断发展 [18,19]. 投影方法的主体思路就是利用投影概念建立变分不等式、不动点问题、优化理论、非线性规划、博弈问题及相补问题的等价关系, 见文献 [20]、[2]、[21]. 因而投影方法对获得上述各类等价问题的数值解同样具有重要意义. 关于投影问题的更多研究可参考文献 [22]、[18]、[4] 及其参考文献.

总的来看, 对变分不等式问题的理论与应用研究主要体现在以下几个方面: ①表达式形式, 将经典变分不等式表达式作出各类推广, 如推广为拟变分不等式、似变分不等式、广义变分不等式、混合变分不等式、随机变分不等式及非凸变分不等式等; ②等价关系, 将变分不等式问题转化为优化等各类等价问题来研究 (例如, 将变分不等式问题转化为不动点问题); ③空间、性质条件, 从定义变分不等式所用到的空间和性质上推广 (例如从希尔伯特空间推广到巴拿赫空间, 从凸集推广到非凸集); ④算子条件, 弱化变分不等式问题中的算子条件 (如强单调算子减弱为松弛余强制算子); ⑤算法改进, 对变分不等式问题解的迭代算法的推广; 等等. 关于变分不等式的理论研究方面的内容还有许多, 在此不再一一列举.

可以转化为变分不等式结构分析求解的应用问题有很多, 这里我们重点介绍力学问题中的弹塑性摩擦接触问题. 摩擦接触问题普遍存在于日常生活及工业生产中, 日常生活中常见的有因 “变形体” 间接触而产生的摩擦和黏附现象, 如汽车轮胎与高温沥青路面的接触, 火车车轮与铁轨的接触, 等等. 在工业生产中, 摩擦接触问题同样广泛存在, 如非金属相互黏合的现象. 由于摩擦接触问题与人们的生产生活紧密相关, 对摩擦接触问题的模型与数值分析的研究在各类理论分析文献中大量涌现, 详见文献 [23-30] 及其中的参考文献, 另外, 一些工程类的论文也针对一些有意义的实践问题讨论了其相应的数学模型, 如文献 [31]、[32].

Signorini[33] 最早应用变分方法对线性弹性体进行研究与分析, 他给出了无摩擦单侧接触问题解的存在唯一性结果. 1964 年 Fichera 应用二次极小化方法分析讨论这一问题, 并在有限能量空间中证明了解的存在性. 但应注意的是, 在摩擦接触问题中考虑摩擦时, 相关问题的特性将发生巨大的变化. 这是由于: ①当摩擦被考虑到模型中时, 摩擦所固有的演化特征要求我们必须将时间考虑到模型中去. ②摩擦模型的非自伴特性使问题不再适合用极小化方法讨论. 正是由于摩擦接触问题内在的复杂性, 当把摩擦接触问题看作一个非线性发展问题时, 我们将很难对摩擦接触问题进行分析 (参阅文献 [25]). 变分不等式框架的建立为求解摩擦接触问题提供了一个强有力的工具. 率先在变分不等式框架下对线性弹性体的摩擦接触问题进行较为完整的数学研究的是 Duvaut 和 Lions[34], 但他们为了得到精练的数学模型以便于利用已知的数学工具来解决问题, 在工作中忽略了上面所提到的摩擦模型的两方面的变化. 接着 Johnson 将 Duvaut 与 Lions 的工作进一步推广到一个时间独立的变分不等式架构中. 对于黏弹体以及其他材料显式时间依赖的摩擦接触问题, Migórski 等 [35] 证明了多值次微分边界条件下显式时间依赖的弹黏塑性摩擦接触问题弱解的存在唯一性及正则性; 文献 [36] 中, Kulig 和 Migórski 讨论了一类显式时间依赖的二阶非线性发展包含问题, 并证明了相应的连续依赖性. 类似的工作还可参见文献 [37]、[38]. 关于摩擦接触问题的分析与数值逼近工作参见文献 [25]、[39]. 对摩擦接触问题的数学、力学与数值方面的发展状况的描述可参阅文献 [40]、[25]、[41]、

[39]、[42]、[43].

在过去十多年中, 摩擦接触问题尤其是拟定常接触问题的建模与分析取得了重大进展. 拟定常接触问题是摩擦接触问题的一个重要组成部分, 拟定常问题反映的是缓慢变化的物理现象, 常见的拟定常问题包括力学中的弹塑性问题、摩擦接触问题、蠕变及松弛问题. 应用变分方法研究拟定常问题所得到的数学模型常被称为拟定常变分不等式.

摩擦接触问题研究的重中之重就在于对摩擦条件的分析及刻画. 当摩擦被加入到数学模型中, 摩擦具有的演化特征自然要求我们将时间因素考虑进去. 另外, 数学模型中算子对时间的显式依赖性能够反映材料变化与温度的相关性质, 而这样的情况并未在拟定常变分不等式的已有工作中得到体现.

时滞现象广泛存在于生产和生活中, 这一现象在弹塑性问题中的一个例子为: 高聚物在交替应力作用下应力变化落后于应变变化, 从而产生滞后效应. 但在应用拟定常变分不等式研究力学弹塑性摩擦接触问题时, 时滞现象较少出现在所讨论问题的模型中. 在拟定常变分不等式中引入时滞项, 并应用变分方法求解问题, 将对弹塑性摩擦接触问题的理论研究作出有益的补充.

另外, 几乎所有研究变分不等式解的存在性和迭代算法的工作都建立在凸分析的框架中, 而现实生活中存在着许多不具有凸性的实际问题, 它们往往只能够用非凸分析的方法来进行求解, 如土体材料的弹塑性变形中就客观存在着弹塑性屈服面非凸的现象. 因此, 在非凸集上建立非凸变分不等式的研究方法是变分不等式理论发展的一个自然结果,具有十分重要的理论价值和实用意义. 投影方法是求解变分不等式问题的一种极为有效的技巧, 但在凸集上投影所具有的众多良好性质一般在非凸集上并不成立, 因而选择恰当的非凸集, 并将经典的投影关系及其结果加以推广, 进而建立在该类非凸集上应用投影方法求解非凸变分不等式的性质定理, 对进一步促进非凸变分不等式的发展具有十分重要的意义.

1.2 非凸变分不等式及其应用

1.2.1 拟定常变分不等式

当弹塑体或黏弹体受到一个相对缓慢变化的外力作用发生微小变形时, 相关摩擦接触问题的变化过程可用一个拟定常系统 (通常表现为一个拟定常变分不等式) 来表示. 此时, 在相对较短的时间内, 温度变化引起的能量耗散所造成的材料变形通常被看作是微小的. 但对于摩擦接触问题, 复杂的接触表面的变化难以被刻画, 这导致问题在建立模型与分析求解方面存在较大困难. 直至变分方法被引入到相关建模问题的研究中, 关于拟定常接触问题的严格数学处理才得以逐步发展起来. 研究者通过在给定边界条件的摩擦接触问题中引入变分方法建立拟定常变分不等式, 克服了接触面边界条件建模上的困难, 也使得对摩擦接触问题的动力学描述方面的研究逐步在模型中被加以讨论 [44-46]. 伴随着理论模型的建立, 针对拟定常接触问题的分析与求解工作大量出现, 如应用巴拿赫不动点定理, Chau 等 [46] 得到了两个描述变形体与障碍间摩擦接触现象的拟定常接触问题解的存在唯一性结论; 而应用时间依赖的椭圆变分不等式与巴拿赫不动点定理, Rodríguez-Arós 等 [42] 处理了带沃尔泰拉型积分项的发展变分不等式, 并得到唯一解存在的结论; Delost 和 Fabre [47] 针对时间独立的抽象拟定常变分不等式提出了一个有效的近似方法, 并将结果应用于一个弹性体和固体支撑面的双边接触拟定常问题的分析中; 2012 年, Vollebregt 和 Schuttelaars[48] 研究了一类带有滑动支撑的摩擦接触问题. 关于拟定常接触问题的更多工作, 可以参见文献 [25]、[49] 及其参考文献.

但应注意传统本构模型大都基于以下两个假设: ①材料特性是与时间无关的, 因此特性中不包含率敏感度、蠕变和松弛等的性质描述. 简单来说, 就是在这种材料的本构方程中, 不直接出现时间变量. ②忽略力学和热学过程的相互作用, 因此实际上仅仅考虑了处于等温条件下的情况, 而且温度对本构方程的影响也未纳入考虑范围. 因而如何合理地在构建相关数学模型时考虑时间、温度等因素对原问题的影响, 并对新模型应用变分方法求解, 是一个值得探究的问题.

1.2.2　时滞问题

时滞现象普遍存在于自然科学和社会科学当中, 如信息、数据等在测量、采集、处理以及信号传递中出现延迟, 在人口理论 [50], 网络技术 [51], 神经网络, 电动、气动或液压系统及化学反应等众多领域也客观存在着大量的时滞现象. 因此, 在数学模型中加入时滞现象的刻画以得到相应数学系统, 并进而求解问题, 对精确描述原问题性态是一个十分有意义的工作, 受到了众多研究者的重视. 从纯理论方面研究时滞多出现于控制系统中. 例如, 文献 [52] 研究了一个神经元的时滞动力系统的稳定性和霍普夫分岔, 并运用中心流形定理证明了分岔周期解的稳定性; 文献 [53] 研究了含有两个神经元的时滞系统的稳定性和霍普夫分岔; 文献 [54] 研究了大时滞系统的稳定性问题. Comincioli [55] 证明了一类具时滞变分不等式解的存在唯一性. 应用变分方法解具时滞变分不等式的分析与研究, 现已成为优化控制问题中一个重要的组成部分. 关于时滞现象的描述及模型可参阅文献 [56]、[57], 具时滞变分不等式的一般性结论在文献 [55]、[58] 中均有涉及. 可以注意到的是, 时滞现象在摩擦接触问题中广泛存在, 例如聚合物在交变应力的作用下, 应力变化落后于应变变化的现象即为摩擦接触问题中时滞现象的一种反映, 而应用变分不等式方法研究具时滞接触问题的文献几乎未见.

1.2.3 非凸集与非凸变分不等式

对变分不等式解的存在和迭代算法的研究几乎都是建立在凸集基础上的, 例如, 在凸集上建立变分不等式和不动点问题的等价关系, 是用于求取变分不等式解并建立各类显式或隐式算法, 进而研究逼近序列的收敛性的一种常用方法. 但是, 现实生活中很多实际问题是不具有凸性的, 它们往往只能够转化成一个非凸问题进行求解. 这样一来在研究凸问题过程中所使用的技巧、方法及得到的良好性质、结果将无法直接应用于非凸情况, 比如投影算子在凸集上具有的众多良好性质在非凸集上一般不成立, 这给在非空闭凸子集上分析讨论变分不等式问题解的存在唯一性、迭代算法及迭代收敛性带来了较大的困难. 因而, 无论从理论研究还是实际应用的角度来说, 建立一套行之有效的非凸集上变分不等式的研究方法都具有着重要的意义.

星形集是凸集的一种非常重要的推广, 它有一些与凸集相类似的性质. 自从 Brunn[59] 于 1913 年引入星形集后, 星形集在积分几何、计算几何和混合整数规划等许多数学领域得到应用 [60-63]. 尽管星形集失去了许多凸集所具有的良好性质, 但它具有凸集所没有的稳定性 (x 点处的星形集之并集仍为 x 点处的星形集), 另外还具有对偶结果 [64,65]. 关于星形集的工作可参见文献 [60]、[24]、[29] 及其参考文献. 星形集与变分不等式相结合, 为非凸问题的研究提供了新的思路与方向. Naniewicz[66] 在自反巴拿赫空间应用半变分不等式方法证明了星形约束问题解的存在性; 2003 年, Lin 等 [67] 在星形集上使用同伦方法讨论了不动点的求解问题; Naraghirad[68] 引入了定义在巴拿赫空间中星形集上的广义明蒂型变分不等式, 并使用迪尼下方向导数法得到相关变分不等式解的存在性.

此外, Clarke 等 [69] 和 Poliquin 等 [70] 从非凸和非光滑分析的角度研究了一类新的集合——近似正则集. 近似正则集是一类非凸集合, 并以凸集为其特例. 其具有许多良好性质并在非凸应用问题中发挥着越来越重要的作用. 基于近似正则集, Noor[71] 介绍了一类非凸变分不等式问题, 给出了相关非凸变分不等式解的存在性并建立了相关算法. 2003 年 Bounkhel 等 [72] 研究了一类建立在近似正则集基础上的非凸变分不等式问题, 证明了非凸变分不等式与非凸变分包含的等价性, 并利用这一等价关系研究分析了关于非凸变分不等式的投影迭代算法. 一系列近似正则集上的工作标志着对变分不等式的研究由建立在凸集基础上的凸分析架构向非凸集上的非凸分析的一个飞跃. 之后, 文献 [73] 应用投影方法与维纳–霍普夫方程技术求解广义非凸变分不等式, 并在算子具有强单调性的条件下, 引入多种算法得到迭代序列, 进而证明迭代序列收敛到相应非凸变分不等式问题的解. 2012 年, Noor 等 [74] 进一步讨论得到了非凸双线性变分不等式问题解的存在性, 并应用 Glowinski 等 [75] 引入的辅助原理讨论了非凸变分不等式问题的多种隐式和显式投影型算法. 其他关于非凸变分不等式的工作还有很多, 如 Alimohammadya 等 [76] 对集值情况的讨论, Wen [77] 针对不同非线性算子进行的收敛性研究, Noor 等 [78] 对投影次梯度方法的应用, 等等.

一般来说, 作用在近似正则集上的投影迭代算法的收敛需要较强的条件, 如一般要求算子强单调并且是利普希茨连续的. 而更困难之处在于, 在近似正则集中无法利用一些在凸分析中常见的结论, 如非空闭凸集上非扩张算子不动点存在. 因而推广与补充一些可用于非凸集的重要结论是进一步完善非凸变分不等式解理论并构造相关算法的基础. 非凸变分不等式的研究仅仅处于起步阶段, 还有大量理论与应用分析工作等待我们去完成.

1.3 主要结论与展望

拟定常接触问题是力学系统中大量存在的一类具体问题, 在实验研究中得到了极丰富且重要的结果, 但理论研究中, 由于摩擦条件及变化趋势难于用数学公式进行描述及定义, 其理论研究进展长期较为缓慢。近十多年来, 拟定常接触问题的数学模型已受到越来越多的研究者关注、讨论. 逐步建立了以变分不等式为主体的数学模型研究体系，理论结果也不断涌现。但对相关问题在更接近于实际情况的假设条件下, 如弹塑性耦合、率相关、耗散应力耦合、各向异性、形变受温度变化影响及屈服面非凸等条件下的分析研究, 目前较少被讨论.

非凸分析问题的研究可大致分为三部分: 理论、应用和算法, 它们均为凸分析相关问题的推广，理论的研究主要涉及非凸集合、非凸函数、非凸变分及非凸优化等问题的研究; 应用部分主要是将工程等实际问题抽象为非凸数学问题 (包括而不限于非凸变分不等式); 而算法部分主要是以内点法、梯度法等经典或改进算法为基础形成的对非凸问题精确解逼近的迭代序列的生成及适定性等的研究. 凸与非凸分析的应用, 遍及信号处理、图像处理、计算金融、控制、几何问题、试验设计等, 甚至新兴研究领域机器学习 (machine learning) 的相关问题, 最终都可在一定条件下转化为非凸变分不等式问题加以研究. 受限于非凸分析的研究工具与技术手段, 非凸分析的研究在理论与应用方面仍有许多问题有待解决. 本书从理论依据、技术手段、主要内容等方面对非凸拟定常变分不等式的构建与求解进行分析讨论, 为非凸分析的进一步研究打下良好的基础. 主要研究与解决的问题如下.

(1) 研究独立时间依赖拟定常变分不等式解的存在唯一性. 所得结论一方面进一步完善了拟定常变分不等式的解理论, 另一方面由于黏弹性问题中黏性、弹性、时滞算子显式依赖于时间, 可用于刻画实际问题中出现的实验材料受温度变化影响的现象, 理论证明的结论同时表明了温度变化情况下黏弹性问题的解仍满足存在唯一性.

(2) 研究具有变时滞拟定常变分不等式的解的存在唯一性. 本书考虑的时滞算子包含了许多有着重要实际意义的情况, 如有限或可数个离散时滞及绝对连续的分布型时滞的情况. 通过建立积分型时滞算子, 书中建立了一类广义时滞变分不等式的模型；获得的结果仅需要具备基本的可测性、可积性与利普希茨连续性, 增强了该模型的适用范围. 这一工作同样丰富了拟定常变分不等式问题的研究内容.

(3) 研究具有时滞的拟定常变分不等式系统的稳定性, 在时滞算子关于时间 t 可测, 并具有相应可积性与利普希茨连续性时, 通过对时滞算子加以扰动形成扰动系统, 我们证明了扰动系统的解与原系统的解在一定条件下满足收敛关系.

(4) 研究具有非凸约束集的拟定常变分不等式系统解的存在唯一性. 利用近似次微分等非光滑分析工具，证明了在非凸集中算子具有松弛余强制及χ-利普希茨连续性时, 非凸变分不等式有解.

(5) 研究非凸变分不等式与投影方法的关系, 证明了在一定条件下非凸约束集上非凸变分不等式等价于相关投影模型. 结合投影方法, 构造了非凸变分不等式的算法, 并证明了迭代序列的收敛性.

本书主要针对应用背景下的弹塑性摩擦接触问题, 研究了黏弹体与固体基座间摩擦接触问题的变分不等式模型. 所考虑的实际问题是拟定常的, 接触是双边的, 摩擦边界条件分别是特雷斯卡摩擦条件及干摩擦的库仑摩擦条件. 在对应的变分模型中我们使用具时滞的非线性黏弹性本构律描述材料的变化，进而建立了拟定常变分不等式的变分模型, 应用理论结果得到了实际问题的分析结果.

当然，尽管我们的关注点不在数值计算上, 但所得结论对摩擦接触问题的数值分析是有意义且重要的. 在今后的工作中, 我们计划对拟定常变分不等式的数值逼近进行系统研究以解释在不同力学系统 (如电动、气动、液压网络等过程) 中所出现的各类拟定常接触问题.

作为变分不等式理论求解经典弹塑性问题分析方法的一个重要补充与拓展, 结合热力学分析方法和非光滑非凸分析方法构建具有非凸屈服面弹塑性问题的非凸变分不等式模型, 使得相关实际问题的研究得以进一步推进，是对经典研究的促进，所使用的分析方法不仅适用于经典弹塑性问题 (主要关于金属材料), 而且同样适用于超塑性问题 (可用于土性材料), 具有广泛的适应性.

第 2 章　凸分析基础

凸分析是最优化理论基础, 在最优化方法、博弈论、现代经济理论和管理科学中有广泛的应用. 凸分析主要研究凸集和凸函数的性质, 以及其在最优化中应用的工具次导数与次微分.

2.1　凸集和锥

对于 R^n 中的子集 C, 当 $\boldsymbol{x} \in C$, $\boldsymbol{y} \in C$, $0 < \lambda < 1$ 时, $(1-\lambda)\boldsymbol{x} + \lambda\boldsymbol{y} \in C$, 我们说集合 C 是凸的. 半平面是非常重要的凸集, 对于任意非零 $\boldsymbol{b} \in R^n$, $\beta \in R$, 集合

$$\{\boldsymbol{x} | \langle \boldsymbol{x}, \boldsymbol{b} \rangle \leqslant \beta\}, \{\langle \boldsymbol{x}, \boldsymbol{b} \rangle \geqslant \beta\}$$

为闭半空间, 集合

$$\{\boldsymbol{x} | \langle \boldsymbol{x}, \boldsymbol{b} \rangle < \beta\}, \{\langle \boldsymbol{x}, \boldsymbol{b} \rangle > \beta\}$$

为开半空间. 这四个集合是非空且凸的. 注意, $\boldsymbol{b}$, β 被 $\lambda\boldsymbol{b}$, $\lambda\beta$ 替换后得到的四个半空间与之前是一样的, 其中 $\lambda \neq 0$. 由此可知这些半空间只取决于超平面 $H = \{\boldsymbol{x} | \langle \boldsymbol{x}, \boldsymbol{b} \rangle = \beta\}$, 所以给定一个超平面, 我们可以明确地说出其对应的开和闭半空间.

定理 2.1.1　任意个凸集的交集是凸的.

推论 2.1.1　令 $\boldsymbol{b}_i \in R^n, \beta_i \in R$, 其中 $i \in I$, I 是任意一个指标集, 那么集合

$$C = \{\boldsymbol{x} \in R^n | \langle \boldsymbol{x}, \boldsymbol{b}_i \rangle \leqslant \beta_i, \forall i \in I\}$$

是凸的.

当然, 如果推论中的不等式 $\leqslant$ 换成 $\geqslant, >, <$ 或者 $=$, 结论依然成立. 因此给定一个含 n 个变量的联立线性不等式和等式组, 解集 C 就是 R^n 中的凸集, 这在理论和应用中都是一个重要的事实.

对于向量和

$$\lambda_1 \boldsymbol{x}_1 + \cdots + \lambda_m \boldsymbol{x}_m$$

如果系数 λ_i 都是非负的并且 $\lambda_1 + \cdots + \lambda_m = 1$, 那么该向量和称为 $\boldsymbol{x}_1, \cdots, \boldsymbol{x}_m$ 的凸组合.

定理 2.1.2　对于 R^n 的一个子集, 当且仅当它包含其元素的所有凸组合时, 这个子集是凸的.

包含所有 R^n 子集 S 的凸组合的交集称为 S 的凸包, 用 $\text{conv}S$ 表示, 根据定理 2.1.1 可知它是凸集, 并且是包含 S 的最小凸集.

定理 2.1.3　对于所有的 $S \cap R^n$, $\text{conv}S$ 包含 S 的所有凸组合.

推论 2.1.2　R^n 中有限个子集 $\{b_0, b_1, \cdots, b_m\}$ 的凸包由所有形如 $\lambda_0 \boldsymbol{b}_0 + \cdots + \lambda_m \boldsymbol{b}_m$ 的向量组合表示, 其中 $\lambda_0 \geqslant 0, \cdots, \lambda_m \geqslant 0, \lambda_0 + \cdots + \lambda_m = 1$.

如果集合是有限多个点的凸包, 那么我们称该集合为多面体. 如果 $\{b_0, b_1, \cdots, b_m\}$ 是仿射无关的, 那么它的凸包叫作 m 维单纯形, 并且

$b_0, b_1, \cdots, b_m$ 叫作单纯形的顶点. 在 $\mathrm{aff}\{b_0, b_1, \cdots, b_m\}$ 上用重心坐标表示的话, 单纯形的每个点都可以唯一地表示成顶点的凸组合, $\lambda_0 = \cdots = \lambda_m = 1/(1+m)$ 的点 $\lambda_0 b_0 + \cdots + \lambda_m b_m$ 叫作单纯形的中点或者重心, 当 $m = 0, 1, 2, 3$ 时, 单纯形分别是点、(闭) 线段、三角形或四面体.

对于 R^n 的子集 K, 如果它对于正标量乘法封闭, 即当 $\boldsymbol{x} \in K$, $\lambda > 0$ 时 $\lambda \boldsymbol{x} \in K$, 那么该集合叫作锥. 这样的集合是从原点发出射线的并集, 可能包含原点, 也可能不包含. 当锥还是一个凸集的时候我们称它为凸锥.

两个最重要的凸锥就是 R^n 的非负象限

$$\{\boldsymbol{x} = \xi_1, \cdots, \xi_n | \xi_1 \geqslant 0, \cdots, \xi_n \geqslant 0\}$$

与正象限

$$\{\boldsymbol{x} = \xi_1, \cdots, \xi_n | \xi_1 > 0, \cdots, \xi_n > 0\}$$

这些锥在不等式理论中都是很有用的. 习惯上如果 $\boldsymbol{x} - \boldsymbol{x}'$ 属于非负象限, 我们就写作 $x \geqslant x'$, 即

$$\xi_j \geqslant \xi_j', j = 1, \cdots, n$$

利用这个符号, 使非负象限由向量 $\boldsymbol{x}$ 组成, 其中 $\boldsymbol{x} \geqslant \boldsymbol{0}$.

定理 2.1.4 任意个凸锥的交集是凸锥.

推论 2.1.3 对于 $i \in I$, 令 $\boldsymbol{b}_i \in R^n$, 其中 I 是一个任意的指标集, 那么

$$K = \{\boldsymbol{x} \in R^n | \langle \boldsymbol{x}, \boldsymbol{b}_i \rangle \leqslant 0, i \in I\}$$

是一个凸锥.

当然, 推论 2.1.3 中的 $\leqslant$ 可用 $\geqslant$, $>$, $<$ 或者 $=$ 替换, 因此如果线性不等式为齐次的, 则它的解集是一个凸锥, 而不仅仅是凸集.

定理 2.1.5　对于 R^n 的一个子集, 当且仅当它对加法和正标量乘法封闭时, 这个子集是凸锥.

推论 2.1.4　对于 R^n 的一个子集, 当且仅当它包含其元素的所有正线性组合时 (即线性组合 $\lambda_1\boldsymbol{x}_1+\cdots+\lambda_m\boldsymbol{x}_m$, 其中系数都是正的), 该集合是凸锥.

推论 2.1.5　令 S 是 R^n 的任意子集, 并且令 K 是 S 中所有正线性组合的集合, 那么 K 是包含 S 的最小凸锥.

当 S 是凸集时, 更简单的描述如下

推论 2.1.6　令 C 是凸集, 并且

$$K=\{\lambda\boldsymbol{x}|\,\lambda>0,\boldsymbol{x}\in C\}$$

那么 K 是包含 C 的最小凸锥.

对于凸集 C 在点 a 处的向量 $\boldsymbol{x}^*$, 如果 $\boldsymbol{x}^*$ 和 C 中以 a 为端点的所有直线的夹角不是锐角, 即对每个 $\boldsymbol{x}\in C$, $\langle\boldsymbol{x}-\boldsymbol{a},\boldsymbol{x}^*\rangle\leqslant 0$, 那么就称 $\boldsymbol{x}^*$ 是法向量. 例如, 如果 C 是半空间 $\{\boldsymbol{x}|\,\langle\boldsymbol{x},\boldsymbol{b}\rangle\leqslant\beta\}$ 并且 $\boldsymbol{a}$ 满足 $\langle\boldsymbol{a},\boldsymbol{b}\rangle=\beta$, 那么 $\boldsymbol{b}$ 是 C 在 $\boldsymbol{a}$ 处的法向量. 一般来说, C 在 $\boldsymbol{a}$ 处的所有法向量 $\boldsymbol{x}^*$ 组成的集称为 C 在 $\boldsymbol{a}$ 处的法锥 (normal cone), 很容易证实这个锥必为凸的.

每个包含 0 的凸锥都和一对子空间相关联, 具体如下所示.

定理 2.1.6 令 K 是包含 0 的凸锥, 那么存在一个最小的包含 K 的子空间, 即

$$K - K = \{\boldsymbol{x} - \boldsymbol{y} | \boldsymbol{x} \in K, \boldsymbol{y} \in K\} = \mathrm{aff} K$$

并且有一个最大的含于 K 的子空间, 即 $(-K) \cap K$.

2.2 次 导 数

2.2.1 导数的定义

导数是微积分的基础概念. 导数的本质是通过极限的概念对函数进行局部的线性逼近. 对于一般的函数 $f(x)$, 其导数定义为

$$f'(x) = \lim_{\Delta x \to 0} \frac{\Delta y}{\Delta x} = \lim_{\Delta x \to 0} \frac{f(x_0 + \Delta x) - f(x_0)}{\Delta x}$$

如果不使用增量, $f(x)$ 在 x_0 处的导数也可以定义为: 当定义域内的变量 x 趋近于 x_0 时,

$$f'(x) = \lim_{x \to x_0} \frac{f(x) - f(x_0)}{x - x_0}$$

2.2.2 次导数的定义

次导数、次微分、次切线和次梯度的概念出现在凸分析, 也就是凸函数的研究中.

设 $f: I \to R$ 是一个实变量凸函数, 定义在实数轴上的开区间内. 这种函数不一定是处处可导的, 例如最经典的例子就是 $f(x) = |x|$, 它在 $x = 0$ 处不可导. 但是, 从图 2.1 可以看出, 对于定义域内的任何 x_0,

我们总可以作出一条直线, 使它通过点 $(x_0, f(x_0))$, 并且要么接触 $f(x)$ 的图像, 要么在它的下方. 这条直线的斜率称为函数的次导数.

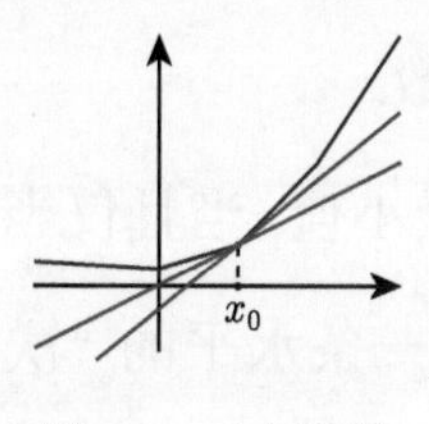

图 2.1　次导数

2.2.3　次导数与次微分计算方式

凸函数 $f: I \to R$ 在点 x_0 的次导数, 是实数 c 使得

$$f(x) - f(x_0) \geqslant c(x - x_0)$$

对于所有 I 内的 x_0 我们可以证明, 在点 x_0 的次导数的集合是一个非空闭区间 $[a, b]$, 其中 a 和 b 是单侧极限

$$a = \lim_{x \to x_0^-} \frac{f(x) - f(x_0)}{x - x_0}$$

$$b = \lim_{x \to x_0^+} \frac{f(x) - f(x_0)}{x - x_0}$$

它们一定存在, 且满足 $a \leqslant b$.

所有次导数的集合 $[a, b]$ 被称为函数 f 在 x_0 的次微分 (subdifferential).

例如: 考虑凸函数 $f(x) = |x|$ 在原点的次微分是区间 $[-1, 1]$. $x_0 < 0$ 时, 次微分是单元素集合 $\{-1\}$, 而 $x_0 > 0$ 时, 次微分是单元素集合 $\{1\}$.

2.2.4 性质及推广

(1) 凸函数 $f: I \to R$ 在 x_0 可导, 当且仅当次微分只由一个点组成, 这个点就是函数在 x_0 的导数.

(2) 点 x_0 是凸函数的最小值, 当且仅当次微分中包含零, 也就是说, 在上面的图中, 我们可以作一条水平的 "次切线". 这个性质是 "可导函数在极小值的导数是零" 的事实的推广.

2.2.5 次梯度

次导数和次微分的概念可以推广到多元函数. 如果 $f: U \to R$ 是一个实变量凸函数, 定义在欧几里得空间 R_n 内的凸集, 则该空间内的向量 $\boldsymbol{v}$ 称为函数在点 $\boldsymbol{x}_0$ 的次梯度. 如果对于所有 U 内的 $\boldsymbol{x}$, 都有

$$f(\boldsymbol{x}) - f(\boldsymbol{x}_0) \geqslant \boldsymbol{v} \cdot (\boldsymbol{x} - \boldsymbol{x}_0)$$

那么所有次梯度的集合称为次微分, 记为 $\partial f(\boldsymbol{x}_0)$. 次微分总是非空的凸紧集.

第 3 章　拟定常变分不等式问题

本章介绍拟定常变分不等式数学模型的构建与求解所需的预备知识, 基于力学设定构建一类具时滞接触问题的数学模型——具时滞拟定常变分不等式, 我们证明了其解存在唯一.

3.1　拟定常变分不等式的形成

摩擦接触问题一般可化为包含微分方程、初始条件、边界条件的数学物理定解问题 (必须增加若干条件), 附加的条件往往对解的光滑性有较高的要求. 而当运用变分原理作研究时, 通过建立摩擦接触问题的变分不等式, 应用变分技术可在一个相对较容易满足的条件下给出解的存在唯一性. 值得一提的是, 在应用变分不等式理论求解等价的摩擦接触问题过程中, 一般不会对解的光滑性有更多的附加要求, 而且这一方法能够更加 “真实地” 分析摩擦接触问题的本质, 同时丰富的变分方法也为问题的求解提供了便利的工具.

拟定常变分不等式本质上也是一种变分形式, 是椭圆变分不等式在实际问题中的应用. 拟定常变分不等式最早出现在力学和工程科学, 尤其是弹塑性摩擦接触问题的研究中, 对于这种问题的处理并不等同于经典的变分不等式的处理, 这主要是因为拟定常变分不等式是由实际问题

(摩擦接触问题) 所导出的关系式, 其形式受具体问题的 (物理) 意义所限制. 拟定常变分不等式已广泛应用于力学、工程科学中. 当它与非凸能量泛函相联系, 就成为拟定常半变分不等式; 与多值关系 (算子) 相联系, 就发展为拟定常集值变分不等式; 与非凸分析 (屈服面) 相联系, 就是拟定常非凸变分不等式 $\cdots\cdots$ 当然, 作为引入拟定常变分不等式力学来源之一的摩擦接触问题, 之所以制约我们对问题进行严格数学处理, 其根源在于摩擦接触问题发生时其复杂的表面变化. 在给定的不同边界条件的摩擦接触问题中通过引入变分分析方法建立拟定常变分不等式, 可以克服接触面边界条件建模上的困难, 同时也大大促进了拟定常变分不等式理论在摩擦接触问题上的发展. 而进一步考虑摩擦接触问题中应力–应变的特殊关系 (如交变情况)、材料变形与温度相关联时, 拟定常变分不等式的模型构建与求解, 也对相关领域的完善与发展有着积极的作用. 下面我们以一个简化的具时滞黏弹体与固体接触面间的摩擦接触问题为例来导出其对应的数学模型: 具时滞拟定常变分不等式.

接触力学是一类非线性问题, 一般构建的数学模型从本质上属于边界条件非线性问题模型. 求解摩擦接触问题的过程中, 必须注意处理好以下几个方面的问题.

(1) 平衡方程: 由动量定理或牛顿第二定律导出连续体动力学问题的运动方程. 对于静力问题, 即得到平衡方程.

(2) 几何运动规律: (几何方程) 应变与位移的关系式. 这与 (1) 中问题密切相关.

(3) 本构关系: 即接触面上应力-应变的关系.

(4) 边界条件: 变形体边界上给出的面力、位移或位移速度的约束条件. 常用的摩擦边界条件有无摩擦条件、特雷斯卡摩擦条件、库仑摩擦条件及黏性摩擦条件等.

(5) 建立问题对应的公式和给出求解的方法: 将以上各组规律以数学公式的形式描述出来, 建立使系统处于平衡的方程式子, 从而给出求解该方程的理论与方法.

在引入问题的力学公式 (设定) 之前, 我们先对空间与符号作一些必要的说明.

令 $\mathcal{R}^d$ 是一个 d 维欧氏空间, $\mathcal{S}^d$ 是定义在 $\mathcal{R}^d$ 上的二阶张量空间, 设弹性体占有一个具利普希茨边界的有界连通区域, Γ 可以分解为三个不相交的可测部分 Γ_1, Γ_2 和 Γ_3, 其中 $\mathrm{meas}(\Gamma_1) > 0$, Γ_3 是与固体障碍 (基座) 相接触的边界部分, 接触假设为服从简化的库仑摩擦定律的双边接触问题.

$L^2(\Omega)$ 为平方可积空间, $W^{k,p}(\Omega)$ 为一索伯列夫空间, $H^k(\Omega) = W^{k,2}(\Omega)$, 记

$$V = \{v \in [H^1(\Omega)^d] |\ v = 0 \quad \text{a.e. on } \Gamma_1\}$$

$$Q = \{\tau = (\tau_{ij}) |\ \tau_{ij} = \tau_{ji} \in L^2(\Omega), 1 \leqslant i, j \leqslant d\} = L^2(\Omega)_s^{d\times d}$$

$$\langle \sigma, \tau \rangle_Q = \int_\Omega \sigma : \tau \mathrm{d}x, \langle u, v \rangle_V = \langle \varepsilon(u), \varepsilon(v) \rangle_Q$$

$$Q_0 = \{q \in Q |\ trq = 0 \text{ a.e. 在 } \Omega \text{ 中}\}$$

σ 与 ε 分别表示摩擦接触问题中的应力及应变张量, $\Omega \subset \mathcal{R}^d$.

设区域 Ω 上的相关控制方程 (弹性本构方程、平衡方程与应变–位

移方程) 为

$$\sigma(t)=\mathcal{A}(\varepsilon(\dot{u}(t)))+\mathcal{B}(\varepsilon(u(t)))+\mathcal{G}h(t,\varepsilon(u)),\quad \text{在 } \Omega \text{ 中} \tag{3.1.1}$$

$$\operatorname{div}\sigma+f_0=0,\quad \text{在 } \Omega \text{ 中} \tag{3.1.2}$$

$$\varepsilon(u)=\frac{1}{2}(\nabla u+(\nabla u)^{\mathrm{T}}),\quad \text{在 } \Omega \text{ 中} \tag{3.1.3}$$

其中 $\mathcal{A}$, $\mathcal{B}$ 与 $\mathcal{G}$ 均为非线性算子, 分别表示黏性算子、弹性算子与时滞算子.

Ω 的边界划分为三个互不重叠的部分 (图 3.1). 弹性体固定在 Γ_1 上, 由于边界为利普希茨连续的, 故 Γ 的外法向量总存在, 记为 ν, 法向与切向位移分别记为 $u_\nu=u\cdot\nu$ 及 $u_\tau=u-u_\nu\nu$. 设 Ω 上外力密度为 f_1, 体力密度为 f_0. $\sigma\nu$ 为 Γ 上的应力矢量, σ_ν 和 σ_τ 分别表示应力矢量的法向与切向分量.

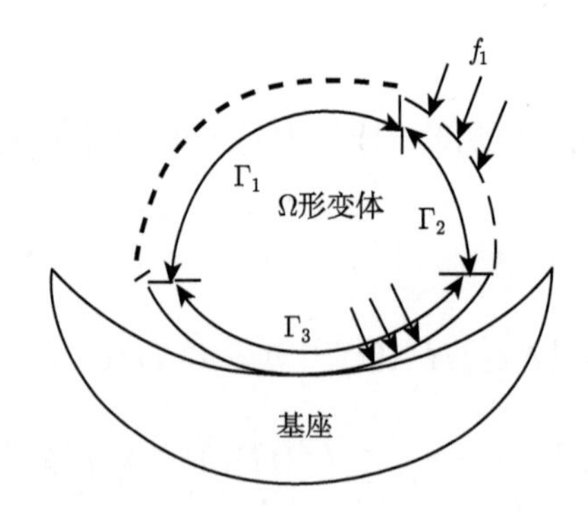

图 3.1　力学设定 (Γ_3 为接触面)

设边界条件满足:

$$u=0,\quad \text{在 } \Gamma_1 \text{ 上} \tag{3.1.4}$$

$$\sigma\nu=f_1,\quad \text{在 } \Gamma_2 \text{ 上} \tag{3.1.5}$$

$$\sigma_\nu = -p_\nu(\dot{u}_\nu), |\sigma_\tau| \leqslant p_\tau(\dot{u}_\nu)$$

$$|\sigma_\tau| < p_\tau(\dot{u}_\nu) \Rightarrow \dot{u}_\tau = 0$$

$$|\sigma_\tau| = p_\tau(\dot{u}_\nu) \Rightarrow \text{存在 } \lambda \geqslant 0, \quad \text{使得 } \sigma_\tau = -\lambda\dot{u}_\tau, \quad \text{在 } \Gamma_3 \text{ 上} \tag{3.1.6}$$

在式 (3.1.2) 两边乘以 $v-\dot{u}$, 其 $v \in V$ 任意选取, 并在 Ω 上积分, 得

$$-\int_\Omega \mathrm{div}\sigma \cdot (v-\dot{u})\mathrm{d}x = -\int_\Omega f_0 \cdot (v-\dot{u})\mathrm{d}x \tag{3.1.7}$$

应用分部积分公式有

$$-\int_\Omega \mathrm{div}\sigma \cdot (v-\dot{u})\mathrm{d}x = -\int_\Gamma \sigma v \cdot (v-\dot{u})\mathrm{d}s + \int_\Omega \sigma : \varepsilon(v-\dot{u})\mathrm{d}x$$

$$= -\int_{\Gamma_2} f_1 \cdot (v-\dot{u})\mathrm{d}s - \int_{\Gamma_3} \sigma v \cdot (v-\dot{u})\mathrm{d}s - \int_\Omega \sigma : \varepsilon(v-\dot{u})\mathrm{d}x \tag{3.1.8}$$

又

$$-\int_{\Gamma_3} \sigma\nu \cdot (v-\dot{u})\mathrm{d}s = -\int_{\Gamma_3} \left[\sigma_\nu \cdot (v_\nu - \dot{u}_\nu) + \sigma_\tau \cdot (v_\tau - \dot{u}_\tau)\right] \mathrm{d}s \tag{3.1.9}$$

令

$$\langle \sigma, \varepsilon(v-\dot{u}) \rangle_Q = \int_\Omega \sigma : \varepsilon(v-\dot{u})\mathrm{d}x$$

再令

$$\langle f, v-\dot{u} \rangle_V = \int_\Omega f_0 \cdot (v-\dot{u})\mathrm{d}x + \int_{\Gamma_2} f_1 \cdot (v-\dot{u})\mathrm{d}s$$

及

$$j\,(v,w) = \int_{\Gamma_3} -p_\nu\,(v_\nu) w_\nu \mathrm{d}s + \int_{\Gamma_3} -p_\tau\,(v_\nu)\, \|w_\tau\|\, \mathrm{d}s, \forall v, w \in V \tag{3.1.10}$$

结合式 (3.1.6) ~ 式 (3.1.9) 得系统对应的变分不等式公式, 即相应摩擦接触问题的弱形式是求 $u \in V$, 使得

$$\langle \sigma, \varepsilon(v-\dot{u}) \rangle_Q + j(\dot{u}, v) - j(\dot{u}, \dot{u}) \geqslant \langle f, v-\dot{u} \rangle_V, \forall v \in V \tag{3.1.11}$$

3.2 具时滞拟定常变分不等式解的存在唯一性

由式 (3.1.1), 拟定常变分不等式 (3.1.11) 中应力分解为黏性、弹性及时滞部分, 这实质上默认了黏性与弹性的解耦关系, 当两者耦合时, 我们设

$$\sigma(t) = \mathcal{A}(\varepsilon(u(t)), \varepsilon(\dot{u}(t))) + \mathcal{G}h(t, \varepsilon(u))$$

并定义算子 A 及 Gh 如下

$$\begin{aligned} &\langle A(u(t), \dot{u}(t)) + Gh(t,u), v-\dot{u} \rangle_V \\ =&\langle \mathcal{A}(\varepsilon(u(t)), \varepsilon(\dot{u}(t))) + \mathcal{G}h(t, \varepsilon(u)), \varepsilon(v-\dot{u}) \rangle_Q \end{aligned}$$

应用相同边界条件, 得如下形式的拟定常变分不等式, 求 $u \in V$, 使得

$$\langle A(u(t), \dot{u}(t)) + Gh(t,u), v-\dot{u} \rangle_V + j(\dot{u}, v) - j(\dot{u}, \dot{u}) \geqslant \langle f, v-\dot{u} \rangle_V, \forall v \in V \tag{3.2.1}$$

3.2.1 基本假设

令 $0 < T < +\infty$. 记 $\mathcal{V} = L^2(0,T;V)$ 为全体使得 $\displaystyle\int_0^T \|u(t)\|_V^2 \mathrm{d}t < +\infty$ 的强可测向量值函数, 空间 $\mathcal{V}$ 的范数定义为

$$\|u\|_{\mathcal{V}} = \left[\int_0^T \|u(t)\|_V^2 \mathrm{d}t \right]^{1/2}$$

关于时滞算子有如下结果:

令常数 r 与 T 满足 $0<r<T$, $\mathcal{B}$ 为区间 $[-r,0]$ 上的博雷尔 σ-代数且 $\mu(\cdot)$ 为定义在 $([-r,0],\mathcal{B})$ 上的有限符号测度. 朱尚伟等 [57] 基于测度理论定义了如下时滞算子 G: 对任意 $h\in L^2((-r,\infty)\times\Omega)^d$,

$$(Gh)\,(t,x)\doteq\int_{-r}^{0}h\,(t+\theta,x)\,\mu\,(\mathrm{d}\theta)\qquad \text{a.e.}\,(t,x)\in(0,\infty)\times\Omega\quad(3.2.2)$$

为使式 (3.2.2) 有意义, 我们总在积分中将 h 取作其博雷尔修正 (几乎处处等于 h 的博雷尔可测函数, 仍记为 h).

引理 3.2.1[57] 对 $h\in L^2((-r,\infty)\times V;\mathcal{R}^d)$, 有 $Gh\in L^2((0,\infty)\times V;\mathcal{R}^d)$. 对任意 $g\in L^2((0,\infty)\times V;\mathcal{R}^d), 0\leqslant s\leqslant+\infty$, $0\leqslant s_0\leqslant r$, 下面的不等式成立

$$\begin{aligned}&\left|\int_V\mathrm{d}x\int_0^{s+s_0}(Gh)\cdot g\mathrm{d}t\right|\\&\leqslant\frac{1}{2}\,|\mu|\,([-r,0])\,|\mu|\,([-s_0,0])\int_V\mathrm{d}x\int_{-r}^{s+s_0}\|\,h\|^2\mathrm{d}t\\&\quad+\frac{1}{2}\int_V\mathrm{d}x\int_0^{s+s_0}\|\,g\|^2\mathrm{d}t+\frac{1}{2}\,|\mu|\,([-r,0])^2\int_V\mathrm{d}x\int_{-r}^{s}\|\,h\|^2\mathrm{d}t\end{aligned}$$

注记 3.2.1 在引理 3.2.1 中令 $s_0=0$ 及 $g=Gh$, 则有 $\|G\|\leqslant|\mu|([-r,0])$.

注记 3.2.2 不难看出对任意 $h\in L^2((-r,\infty)\times\Omega)_{\mathcal{S}}^{d\times d}, Gh$ 作为 $L^2((0,\infty)\times\Omega)_{\mathcal{S}}^{d\times d}$ 中的元素不依赖于 h 的博雷尔修正的选取方式.

注记 3.2.3 对于时滞算子, 最简单的一个例子是如下的离散形

算子

$$G(t, y(\cdot)) = (y(t-\delta_1), \cdots, y(t-\delta_k)), \quad \forall t \in I$$

另外, 常用的时滞算子还有来源于实际问题中记忆效应累积的积分型算子

$$G(t, y(\cdot)) = \int_{t_0}^{t} y(s-\delta)\mu(\mathrm{d}s), \quad \forall t \in I$$

注记 3.2.4 由式 (3.2.2) 定义的算子 G 包括了许多有限多个或可数多个离散延迟和有限多分布延迟情况.

例 3.2.1 设 $X = \{a_1, a_2, \cdots, a_n, \cdots\}$ 且 $\mathcal{L} = 2^X$. 令

$$\mu_1(A) = \sum_{a_i \in A} \mu_1(a_i) = \sum_{a_i \in A} p_i, \quad \forall A \in \mathcal{L}$$

其中 $\mu_1(a_i) = p_i \in \mathcal{R}^+$, $i = 1, 2, \cdots$ 且 $\mu_1(\varnothing) = 0$. 则有

$$(Gh)(t, x) = \int_{-r}^{0} h(t+\theta, x)\mu_1(\mathrm{d}\theta) = \sum_{a_i \in (-r, 0)} p_i h(t+a_i, x)$$

上述例子给出了可数多个离解延迟情况.

为研究具时滞拟定常变分不等式 (3.2.1), 我们假设 A, h, j 及 f 满足如下条件:

$H(A)$: $A: V \times V \to V$ 为使得下列条件成立的算子

(1) $\|A(u_1, v) - A(u_2, v)\|_V \leqslant L \|u_1 - u_2\|$, 对任意的 $u_1, u_2, v \in V$, a.e. $t \in [0, T]$, 其中 $L > 0$;

(2) $\|A(u, v_1) - A(u, v_2)\|_V \leqslant L_1 \|v_1 - v_2\|$, 对任意的 $u, v_1, v_2 \in V$, a.e. $t \in [0, T]$, 其中 $L_1 > 0$;

(3) $\langle(A(u,v_1)-A(u,v_2)),(v_1-v_2)\rangle_V \geqslant M\|v_1-v_2\|_V^2$, 对任意的 $u,v_1,v_2\in V$, a.e. $t\in[0,T]$, 其中 $M>0$;

(4) 对任意 $v\in V, u\mapsto A(u,v)$ 在 V 上可测;

(5) 映射 $u\mapsto A(u,0)\in L^2(V)$.

$H(j): j: V\times V\to\mathcal{R}$ 为使得下列条件成立的算子

(1) j 在 V 上关于第二变元为凸下半连续的, 即在 V 上, 对所有 $g\in V$, $j(g,\cdot)$ 是凸下半连续的;

(2) 存在常数 $m>0$, 使得对任意的 $g_1,g_2,w_1,w_2\in V$,

$$j(g_1,w_2)-j(g_1,w_1)-j(g_2,w_1)-j(g_2,w_2)\leqslant m\|g_1-g_2\|_V\|w_1-w_2\|_V$$

$H(h): h: V\times V\to V$ 为使得下列条件成立的算子

(1) $\|h(u,v_1)-h(u,v_2)\|_V\leqslant L_2\|v_1-v_2\|_V$, 对任意的 $u,v_1,v_2\in V$, a.e. $t\in[0,T]$, 其中 $L_2>0$;

(2) 对任意 $v\in V, u\mapsto h(u,v)$ 在 V 上可测;

(3) 映射 $u\mapsto h(u,0)\in L^2(V)$.

$H(f): f\in L^q(0,T;V)$ 及 $u_0\in V$.

下面的定理将在变分问题 (3.2.1) 解的存在唯一性结论的证明中发挥重要作用.

定理 3.2.1[79]　若假设条件 $H(A), H(j)$ 与 $H(f)$ 成立, $m<M$ 且 $(L+m)T/M<1$. 则存在一个唯一解 $u\in W^{1,p}(0,T;V)$ 满足 $u(0)=u_0$ 且

$$\langle A(u(t),\dot u(t)),v-\dot u(t)\rangle_V+j(\dot u(t),v)-j(\dot u(t),\dot u(t))$$

$$\geqslant \langle f(t), v-\dot{u}(t)\rangle_V, \forall v\in V \text{ a.e. } t\in[0,T] \tag{3.2.3}$$

3.2.2 解的存在唯一性

在这一部分中我们研究具时滞拟定常变分不等式 (3.2.1) 解的存在唯一性结论.

定理 3.2.2 若假设条件 $H(A)$, $H(j)$ 和 $H(f)$ 成立, $m<M$ 且 $(L+m)T/M<1$. 则具时滞拟定常变分不等式 (3.2.1) 存在唯一解 $u\in H^1(0,T;V)$.

证明 令 $\zeta\in\mathcal{V}$, 并记 $u_\zeta\in\mathcal{V}$ 为如下问题的解

$$\langle A(u(t),\dot{u}(t)), v-\dot{u}(t)\rangle_V + j(\dot{u}(t),v) - j(\dot{u}(t),\dot{u}(t))$$

$$\geqslant \langle f(t)-\zeta(t), v-\dot{u}(t)\rangle_V, \forall v\in V \text{ a.e. } t\in[0,T] \tag{3.2.4}$$

由定理 3.2.1 知 u_ζ 存在唯一.

对算子 $\Lambda: L^2(0,T;V)\to L^2(0,T;V)$ 定义

$$\Lambda\zeta(t)=\int_{-r}^{0} h(t+\theta,u_\zeta(t))\mu(\mathrm{d}\theta),\quad \forall\zeta\in\mathcal{V},\ \text{a.e. } t\in[0,T] \tag{3.2.5}$$

下证算子 Λ 有唯一不动点.

对任意 $\zeta_1,\zeta_2\in\mathcal{V}$, 令 $u_1=u_{\zeta_1}, u_2=u_{\zeta_2}$ 为对应于式 (3.2.3) 的唯一解. 则对 $u_1,u_2\in\mathcal{V}$ 及任意的 $v\in V$ a.e. $t\in[0,T]$ 有

$$\langle A(u_1(t),\dot{u}_1(t)), v-\dot{u}_1(t)\rangle_V + j(\dot{u}_1(t),v) - j(\dot{u}_1(t),\dot{u}_1(t))$$

$$\geqslant \langle f(t), v-\dot{u}_1(t)\rangle_V \tag{3.2.6}$$

$$\langle A(u_2(t),\dot{u}_2(t)),v-\dot{u}_2(t)\rangle_V+j(\dot{u}_2(t),v)-j(\dot{u}_2(t),\dot{u}_2(t))$$
$$\geqslant\langle f(t),v-\dot{u}_2(t)\rangle_V \tag{3.2.7}$$

在式 (3.2.6) 中令 $v=\dot{u}_2(t)$, 并在式 (3.2.7) 中令 $v=\dot{u}_1(t)$, 然后将这两式相加, 得

$$\langle A(u_1(t),\dot{u}_1(t)),\dot{u}_2(t)-\dot{u}_1(t)\rangle_V+\langle A(u_2(t),\dot{u}_2(t)),\dot{u}_1(t)-\dot{u}_2(t)\rangle_V$$
$$+j(\dot{u}_1(t),v)-j(\dot{u}_1(t),\dot{u}_1(t))+j(\dot{u}_2(t),v)-j(\dot{u}_2(t),\dot{u}_2(t))$$
$$\geqslant\langle\zeta_1(t)-\zeta_2(t),\dot{u}_1(t)-\dot{u}_2(t)\rangle_V,\quad \text{a.e.}\quad t\in[0,T]$$

这意味着对几乎处处的 $t\in[0,T]$, 有

$$\langle A(u_1(t),\dot{u}_1(t))-A(u_1(t),\dot{u}_2(t)),\dot{u}_1(t)-\dot{u}_2(t)\rangle_V$$
$$\leqslant\langle A(u_2(t),\dot{u}_2(t))-A(u_1(t),\dot{u}_2(t)),\dot{u}_1(t)-\dot{u}_2(t)\rangle_V$$
$$+j(\dot{u}_1(t),v)-j(\dot{u}_1(t),\dot{u}_1(t))+j(\dot{u}_2(t),v)-j(\dot{u}_2(t),\dot{u}_2(t))$$
$$+\langle\zeta_2(t)-\zeta_1(t),\dot{u}_1(t)-\dot{u}_2(t)\rangle_V$$

令 $w_i:[0,T]\to V$ 定义如下

$$u_i(t)=\int_0^t w_i(s)\mathrm{d}s+u_0,\quad \text{a.e. } t\in[0,T]$$

由假设条件 $H(A),H(h)$ 和 $H(j)$, 对几乎处处的 $t\in[0,T]$, 有

$$M\|w_1(t)-w_2(t)\|_V\leqslant c_1(\|\zeta_1(t)-\zeta_2(t)\|_V+\int_0^t\|w_1(s)-w_2(s)\|_V\mathrm{d}s)$$

其中 $c_1 = \max\left\{\frac{1}{M-m}, \frac{L}{M-m}\right\}$. 应用格朗沃尔不等式得

$$\int_0^t \|w_1(s) - w_2(s)\|_V \mathrm{d}s \leqslant c_2 \int_0^t \|\zeta_1(t) - \zeta_2(t)\|_V \mathrm{d}s, \quad \text{a.e. } t \in [0, T] \tag{3.2.8}$$

其中 $c_2 = (1+T)\max\{c_1, c_1^2 \mathrm{e}^{c_1 T}\}$.

据 $H(h)$, 式 (3.2.5) 和式 (3.2.8), 有

$$\|\Lambda\zeta_1(t) - \Lambda\zeta_2(t)\|_V^2 \leqslant c_3 \int_0^t \|\zeta_1(s) - \zeta_2(s)\|_V^2 \mathrm{d}s, \quad \text{a.e. } t \in \bar{I}$$

其中 $c_3 = [c_2 L_2 \mu([-r, 0])]^2$. 迭代最后一个不等式 p 次, 得

$$\|\Lambda^p\zeta_1(t) - \Lambda^p\zeta_2(t)\|_V^2 \leqslant \frac{c_3^p t^{p-1}}{(p-1)!} \int_0^t \|\zeta_1(s) - \zeta_2(s)\|_V^2 \mathrm{d}s, \quad \text{a.e. } t \in [0, T]$$

进而

$$\|\Lambda^p\zeta_1 - \Lambda^p\zeta_2\|_{\mathcal{V}} \leqslant \left(\frac{c_3^p T^p}{(p-1)!}\right)^{\frac{1}{2}} \|\zeta_1 - \zeta_2\|_{\mathcal{V}}, \quad \text{a.e. } t \in [0, T]$$

因为 $\lim\limits_{p\to\infty}\left(\frac{c_3^p T^p}{(p-1)!}\right)^{\frac{1}{2}} = 0$, 上面的不等式表明对充分大的 p, Λ^p 成为压缩的. 由巴拿赫不动点定理可知, 存在唯一解 $\zeta^* \in \mathcal{V}$, 使得 $\Lambda^p\zeta^* = \zeta^*$. 又由 $\Lambda^p(\Lambda\zeta^*) = \Lambda(\Lambda^p\zeta^*) = \Lambda\zeta^*$, 可导出 $\Lambda\zeta^*$ 为算子 Λ^p 的不动点. 由不动点的唯一性知 $\Lambda\zeta^* = \zeta^*$, 即 ζ^* 为 Λ 的一个不动点. Λ 不动点的唯一性结论可直接由 Λ^p 不动点的唯一性结论得出. 故 u_{ζ^*} 为问题的唯一解.

第 4 章　具时滞拟定常滑动支撑摩擦接触问题

本章介绍第 3 章内容的应用, 将研究黏弹体与基座间具显式时间依赖的拟定常摩擦接触问题. 假设接触是双边的, 摩擦满足一个特雷斯卡摩擦条件, 变形材料由一个具时滞的黏弹性本构律来描述, 通过变分方法, 我们构建了一个拟定常积分-微分变分不等式来等价表示上述物理问题. 应用相关变分不等式理论和巴拿赫不动点定理, 我们在一些恰当假设条件下证明了拟定常变分不等式解的存在唯一性, 进而讨论了关于时滞算子扰动情况下系统的变化行为并给出了收敛性结论. 我们研究的黏弹性拟定常接触问题是对文献 [25,80] 中工作的推广与改进, 主要考虑了显式时间依赖引入和具有时滞算子时摩擦接触问题的数学模型与求解方法.

摩擦接触问题的常用摩擦边界条件:

(1) 无摩擦条件, 接触表面无摩擦力, 即 $\sigma_\tau = 0$;

(2) 特雷斯卡摩擦条件, 接触表面最大摩擦力为定值且有

$$\begin{cases} |\sigma_\tau| \leqslant g \\ |\sigma_\tau| < g \Rightarrow \dot{u}_\tau = 0 \\ |\sigma_\tau| = g \Rightarrow \exists\lambda \geqslant 0 \quad \text{s.t.} \quad \sigma_\tau = -\lambda\dot{u}_\tau \end{cases}$$

(3) 滑动特雷斯卡支撑摩擦条件, 摩擦界 (最大摩擦力) g 依赖于表

面滑动累加结果, 即

$$\begin{cases} |\sigma_\tau| \leqslant g(S_t(\dot{u})) \\ |\sigma_\tau| < g(S_t(\dot{u})) \Rightarrow \dot{u}_\tau = 0 \\ |\sigma_\tau| = g(S_t(\dot{u})) \Rightarrow \exists \lambda \geqslant 0 \quad \text{s.t.} \quad \sigma_\tau = -\lambda \dot{u}_\tau \end{cases}$$

(4) 库仑摩擦条件, 摩擦界与法向应力的大小成比例, 即

$$\begin{cases} |\sigma_\tau| \leqslant \mu|\sigma_\nu| \\ |\sigma_\tau| < \mu|\sigma_\nu| \Rightarrow \dot{u}_\tau = 0 \\ |\sigma_\tau| = \mu|\sigma_\nu| \Rightarrow \exists \lambda \geqslant 0 \quad \text{s.t.} \quad \sigma_\tau = -\lambda \dot{u}_\tau \end{cases}$$

其中 μ 为摩擦系数;

(5) 广义型库仑摩擦条件, 摩擦界满足 $|\sigma_\tau| \leqslant \mu p(|\sigma_\nu|)$, 其中 p 为非负函数;

(6) 黏性摩擦条件, 接触面润滑后, 即使施加一很小的切向切变都将产生滑动, 摩擦条件依赖于速率, $-\sigma_\tau = p(\dot{u}_\tau)$, 其中 p 为一向量值函数.

4.1 预备知识

令 $\mathcal{R}^d$ 为一 d 维欧氏空间, $\mathcal{S}^d$ 为 $\mathcal{R}^d$ 中的二阶对称张量空间, $\Omega \subset \mathcal{R}^d$ 为一开连通有界区域, 其利普希茨边界记为 Γ. Γ 可以分解为三个不相交的可测部分 Γ_1, Γ_2 和 Γ_3, 其中 $\text{meas}(\Gamma_1) > 0$. 设 $L^2(\Omega)$ 为 2 次可积的全体函数构成的勒贝格空间, $W^{k,p}(\Omega)$ 为定义在 Ω 上的索伯列夫空间, $H^k(\Omega) = W^{k,2}(\Omega)$.

因为边界 Γ 是利普希茨连续的, 故记作 ν 的单位外法向量在 Γ 几乎处处存在. 对 $T>0$, 令 $\bar{I}\doteq[0,T]$ 为讨论的有界时间区间. 假设形变体被固定于边界 Γ_1 上, 故在 Γ_1 位移为 0, 单位表面牵引力 f_1 作用于边界 Γ_2. 作用于 Ω 上的单位体力设为 f_0. 接触为双边接触, 即任意时刻法向位移 u_ν 在 Γ_3 上均为 0. 记

$$u\cdot v=u_iv_i,\quad \|v\|=(v\cdot v)^{1/2},\qquad \forall u,v\in\mathcal{R}^d$$

$$\sigma\cdot\tau=\sigma_{ij}\tau_{ij},\quad |\tau|=(\tau\cdot\tau)^{1/2},\qquad \forall\sigma,\tau\in\mathcal{S}^d$$

下面分析讨论中所应用到的指标 i、j 的取值均落在 1 与 d 之间.

问题分析研究中还需定义以下空间

$$H=\{v=(v_1,v_2,\cdots,v_d)^{\mathrm{T}}|v_i\in L^2(\Omega),1\leqslant i\leqslant d\}=L^2(\Omega)^d$$
$$\langle u,v\rangle_H=\int_\Omega u_i(x)v_i(x)\mathrm{d}x$$

$$Q=\{\tau=(\tau_{ij})|\tau_{ij}=\tau_{ji}\in L^2(\Omega),1\leqslant i,j\leqslant d\}=L^2(\Omega)_s^{d\times d}$$
$$\langle\sigma,\tau\rangle_Q=\int_\Omega\sigma_{i,j}(x)\tau_{i,j}(x)\mathrm{d}x$$

$$Q_1=\Omega\times I$$

$$H_1=\{v=(v_1,v_2,\cdots,v_d)^{\mathrm{T}}|v_i\in H^1(\Omega),1\leqslant i\leqslant d\}=H^1(\Omega)^d$$

$$V=\{v\in H_1|v=0\ \text{ on }\ \Gamma_1\}$$

$$V_1=\{v\in V|v_\nu=0\ \text{ on }\ \Gamma_3\}$$

其中 H,Q 为希尔伯特空间, 内积如上面定义, 相应的空间范数分别记为 $\|\cdot\|_H$ 和 $\|\cdot\|_Q$.

定义 $(u,v)_{H_1}=(u,v)_H+(\varepsilon(u),\varepsilon(v))_Q, \|v\|_{H_1}=\sqrt{(v,v)_{H_1}}, \forall u,v\in H_1$.

易于验证 $(H_1,\|\cdot\|_{H_1})$ 为实希尔伯特空间. 而 V 为 H_1 的闭子空间, 且 $\text{meas}(\Gamma_1)>0$, 则有下列科恩不等式成立:

$$\|\varepsilon(v)\|_Q\geqslant\iota\|v\|_{H_1},\quad \forall v\in V$$

其中 ι 表示仅依赖于 Ω 与 Γ_1 的正常数. 则可定义 V 上的内积 $(\cdot,\cdot)_V$ 和范数 $\|\cdot\|_V$ 如下

$$(u,v)_V=(\varepsilon(u),\varepsilon(v))_Q,\quad \|v\|_V=\|\varepsilon(v)\|_Q,\quad \forall u,v\in V \tag{4.1.1}$$

于是得到 $\|\cdot\|_{H_1}$ 和 $\|\cdot\|_V$ 是 V 中的等价范数. 因此 $(V,\|\cdot\|_V)$ 为实希尔伯特空间, V_1 结合空间 V 上定义的内积式 (4.1.1) 成为实希尔伯特空间.

对任意 $v\in H_1$, v_ν 与 v_τ 表示 v 在 Γ 上的法向和切向分量

$$v_\nu=v\cdot\nu,\quad v_\tau=v-v_\nu\nu$$

同样地, σ_ν 与 σ_τ 表示 $\sigma\in Q$ 的法向和切向分量. 可以注意到, 当 σ 正则, 即 $\sigma\in C^1(\bar{\Omega})_s^{d\times d}$ 时, 我们有

$$\sigma_\nu=(\sigma\nu)\cdot\nu,\quad \sigma_\tau=\sigma\nu-\sigma_\nu\nu \tag{4.1.2}$$

且下面的格林公式成立:

$$(\sigma,\varepsilon(v))_Q+(\text{div}\sigma,v)_H=\int_\Gamma\sigma\nu\cdot v\text{d}a,\qquad \forall v\in H_1 \tag{4.1.3}$$

设定边界摩擦接触条件为滑动特雷斯卡支撑摩擦条件且其中摩擦上界 g 为依赖于平面的滑动累积. 建模过程将滑动所引起的接触表面结构的变化包含在内, 故得在 Γ_3 上 $g = g(S_t(\dot{u}))$, 其中 $S_t(\dot{u})(x)$ 是 Γ_3 上点 x 在时间周期 $\bar{I}$ 内累积的滑动量.

$$S_t(\dot{u}) = \int_0^t \|\dot{u}_\tau(s)\| \mathrm{d}s, \quad t \in \bar{I} \tag{4.1.4}$$

于是在 Γ_3 上有 $|\sigma_\tau| \leqslant g(S_t(\dot{u}))$. 严格不等式成立表明材料处于黏着区, $\dot{u}_\tau = 0$; 而当等式成立时, $|\sigma_\tau| = g(S_t(\dot{u}))$, 材料处于滑动区, $\sigma_\tau = -\lambda \dot{u}_\tau$, 其中 $\lambda > 0$.

令 r 为满足 $0 < r < T$ 的常数, $Q_{-r} = \Omega \times (-r, 0)$, 设 $\mathcal{B}$ 为区间 $[-r, 0]$ 上的博雷尔 σ-代数, $\mu(\cdot)$ 是给定的定义在 $([-r, 0], \mathcal{B})$ 上的有限符号测度. 在 [57, 81] 中朱尚伟等人定义了如下形式的时滞算子 G: 对任意 $h \in L^2(\Omega \times (-r, \infty))_{\mathcal{S}}^{d \times d}$,

$$(Gh)(t, x) \mathrm{B} \int_{-r}^0 h(t + \theta, x) \mu(\mathrm{d}\theta) \tag{4.1.5}$$

为使上述积分有意义且定义严谨, 我们总将积分中的 h 取作它的博雷尔修正 (几乎处处与 h 相等的一个博雷尔可测函数), 为简化符号我们仍将其记为 h.

下面我们给出一些关于算子 G 的特例:

(1) 令 $\Omega_1 = \{\omega_1, \omega_2, \cdots, \omega_n, \cdots\}$, $\mathcal{L}_1 = 2^{\Omega_1}$, 且

$$\mu_1(A) = \sum_{\omega_i \in A} \mu_1(\omega_i) = \sum_{\omega_i \in A} p_i, \quad A \in \mathcal{L}_1$$

其中 $\mu_1(\omega_i) = p_i, i = 1, 2, \cdots, n, \cdots, p_i \in \mathcal{R}^+$, $\mu_1(\varnothing) = 0$. 则易于看出

$$(Gh)(t,x) = \int_{-r}^{0} h(t+\theta,x)\mu_1(\mathrm{d}\theta) = \sum_{\omega_i \in (-r,0)} p_i h(t+\omega_i,x)$$

这可用于描述可数多个离散延迟情况.

(2) 令 $\Omega_2 = \mathcal{R}$, $\mathcal{L}_2$ 为一个 Ω_2 的 σ-代数, m 为一给定的符号测度, f 为一个勒贝格可测函数, 且

$$\mu_2(A) = \int_A f(x)\mathrm{d}m, \quad A \in \mathcal{L}_2$$

则有

$$(Gh)(t,x) = \int_{-r}^{0} h(t+\theta,x)\mu_2(\mathrm{d}\theta) = \int_{-r}^{0} h(t+\theta,x) \int_{\mathrm{d}\theta} f(x)\mathrm{d}m$$

进一步, 令 $f \equiv 1$, 则

$$(Gh)(t,x) = \int_{-r}^{0} h(t+\theta,x)\mu_2(\mathrm{d}\theta) = \int_{-r}^{0} h(t+\theta,x)\mathrm{d}\theta$$

注记 4.1.1 对任意 $h \in L^2(\Omega\times(-r,\infty))_{\mathcal{S}}^{d\times d}$, Gh 为 $L^2(\Omega\times(0,\infty))_{\mathcal{S}}^{d\times d}$ 中的元素, 且 Gh 与 h 的博雷尔修正的选取无关.

注记 4.1.2 由于 μ 定义的广泛性, 式 (4.1.5) 可用于描述许多时滞情况, 如有限多或可数多个离散延迟情况, 即式 (4.1.5) 给出了一个包含大量时滞算子的统一表达式.

基于时滞算子 G 的引理 3.2.1, 我们考虑对应的摩擦接触问题中的形式: 结合式 (4.1.5) 可导出如下形式的时滞算子 $\mathcal{G}$

$$(\mathcal{G}h)(t,\varepsilon(u)) \doteq \int_{-r}^{0} h(t+\theta,\varepsilon(u))\mu(\mathrm{d}\theta)$$

注记 4.1.3　在式 (4.1.5) 中用 $\varepsilon(u)$ 代替 x 并在引理 3.2.1 中令 $s_0=0$ 且 $g=Gh$, 得

$$\|\mathcal{G}\| \leqslant |\mu|([-r,0])$$

4.2　模型描述与变分公式

在上述假设条件下, 可建立对应于具时滞滑动支撑的摩擦接触问题的经典公式如下:

求位移 $u:\Omega\times\bar{I}\to\mathcal{R}^d$ 和应力 $\sigma:\Omega\times\bar{I}\to\mathcal{S}^d$ 使得

$$\sigma(t)=\mathcal{A}(t,\varepsilon(\dot{u}(t)))+\mathcal{B}(t,\varepsilon(u(t)))+\mathcal{G}h(t,\varepsilon(u))\quad \text{在 } \Omega\times\bar{I} \text{ 中} \tag{4.2.1}$$

$$\mathrm{div}\sigma(t)+f_0(t)=0\quad \text{在 } \Omega\times\bar{I} \text{ 中} \tag{4.2.2}$$

$$u(t)=0\quad \text{在 } \Gamma_1\times\bar{I}\text{中} \tag{4.2.3}$$

$$\sigma(t)\nu=f_2(t)\quad \text{在 } \Gamma_2\times\bar{I} \text{ 中} \tag{4.2.4}$$

$$u_\nu(t)=0,\quad |\sigma_\tau(t)|\leqslant g(S_t(\dot{u}(t)))\quad \text{在 } \Gamma_3\times\bar{I} \text{ 中} \tag{4.2.5}$$

$$u(0)=u_0\quad \text{在 } \Omega \text{ 中} \tag{4.2.6}$$

对摩擦接触问题的方程与式 (4.2.1)~ 式 (4.2.6), 我们给出一些简要的说明. 更多内容及力学解释可参阅文献 [25]、[49]. 式 (4.2.1) 表示具时滞黏弹体的本构方程, 其中 $\mathcal{A}$, $\mathcal{B}$ 和 $\mathcal{G}$ 为给定的非线性算子, 分别称为黏性算子、弹性算子和时滞算子. 方程中出现了关于时间的导数, 其中 $\dot{u}$ 表示速度场. 黏性、弹性和时滞算子与时间变量呈显式依赖关系, 这意味着模型可用于材料与温度变化相关的情况, 即温度随时间发生变化.

式 (4.2.2) 表示平衡方程, 其中 $\text{div}\sigma = (\sigma_{ij,j})$ 表示应力的散度. 式 (4.2.3) 与式 (4.2.4) 分别为位移的边界条件和牵引力边界条件. 式 (4.2.5) 表示摩擦边界条件, 式 (4.2.6) 为初始条件, 其中函数 u_0 是初始位移.

为研究式 (4.2.1)∼ 式 (4.2.6), 我们假设算子 $\mathcal{A}$, $\mathcal{B}$, g 与 h 满足下列条件:

$H(\mathcal{A}): \mathcal{A}: Q_1 \times \mathcal{S}^d \to \mathcal{S}^d$ 是使得下列条件成立的算子

(1) $\|\mathcal{A}(x,t_1,\varepsilon_1) - \mathcal{A}(x,t_2,\varepsilon_2)\|_Q \leqslant L(|t_1 - t_2| + \|\varepsilon_1 - \varepsilon_2\|_Q)$, 对所有 $\varepsilon_1, \varepsilon_2 \in \mathcal{S}^d, t_1, t_2 \in \bar{I}$, a.e. $x \in \Omega$, 其中 $L > 0$;

(2) $((\mathcal{A}(x,t,\varepsilon_1) - \mathcal{A}(x,t,\varepsilon_2)), (\varepsilon_1 - \varepsilon_2))_Q \geqslant M\|\varepsilon_1 - \varepsilon_2\|_Q^2$, 对所有 $\varepsilon_1, \varepsilon_2 \in \mathcal{S}^d$, a.e. $(x,t) \in Q_1$, 其中 $M > 0$;

(3) 对任意 $\varepsilon \in \mathcal{S}^d, (x,t) \mapsto \mathcal{A}(x,t,\varepsilon)$ 在 Q_1 上可测;

(4) 映射 $(x,t) \mapsto \mathcal{A}(x,t,0) \in L^2(Q_1)^{d\times d}$.

$H(\mathcal{B}): \mathcal{B}: Q_1 \times \mathcal{S}^d \to \mathcal{S}^d$ 是使得下列条件成立的算子

(1) $\|\mathcal{B}(x,t,\varepsilon_1) - \mathcal{B}(x,t,\varepsilon_2)\|_Q \leqslant L_1\|\varepsilon_1 - \varepsilon_2\|_Q$, 对所有 $\varepsilon_1, \varepsilon_2 \in \mathcal{S}^d$, a.e. $(x,t) \in Q_1$, 其中 $L_1 > 0$;

(2) 对任意 $\varepsilon \in \mathcal{S}^d, (x,t) \mapsto \mathcal{B}(x,t,\varepsilon)$ 在 Q 上可测;

(3) 映射 $(x,t) \mapsto \mathcal{B}(x,t,0) \in L^2(Q_1)^{d\times d}$.

$H(g): g: \Gamma_3 \times \mathcal{R} \to \mathcal{R}^+$ 是使得下列条件成立的算子

(1) 存在常数 $L_2 > 0$ 使得对所有的 $u_1, u_2 \in \mathcal{R}$, $x \in \Omega$, $|g(x,u_1) - g(x,u_2)| \leqslant L_2(|u_1 - u_2|)$;

(2) 对任意 $u \in \mathcal{R}, x \mapsto g(x,u)$ 可测;

(3) 映射 $x \mapsto g(x,0) \in L^2(\Gamma_3)$;

(4) $|\sigma_\tau| < g(S_t(\dot{u}(t))) \Rightarrow \dot{u}_\tau = 0, |\sigma_\tau| = g(S_t(\dot{u}(t))) \Rightarrow$ 存在 $\lambda \geqslant 0$ 使得 $\sigma_\tau = -\lambda \dot{u}_\tau$.

$H(h): h: Q_1 \times \mathcal{S}^d \to \mathcal{S}^d$ 是使得下列条件成立的算子

(1) $\|(x,t,\varepsilon_1) - h(x,t,\varepsilon_2)\|_Q \leqslant L_3\|\varepsilon_1 - \varepsilon_2\|_Q$, 对所有 $\varepsilon_1, \varepsilon_2 \in \mathcal{S}^d$, a.e. $(x,t) \in Q_1$, 其中 $L_3 > 0$;

(2) 对任意 $\varepsilon \in \mathcal{S}^d, (x,t) \mapsto h(x,t,\varepsilon)$ 在 Q_1 上可测;

(3) $(h(x,t,\varepsilon_{1'}) - h(x,t,\varepsilon_{2'}), (\varepsilon_1 - \varepsilon_2))_Q \geqslant M'\|\varepsilon_1 - \varepsilon_2\|_Q^2$, 对所有 $\varepsilon_1, \varepsilon_2 \in \mathcal{S}^d$, a.e. $(x,t) \in Q_1$, 其中 $M' > 0$;

(4) 映射 $(x,t) \mapsto h(x,t,0) \in L^2(Q_1)^{d\times d}$.

下面给出一个满足本构方程 (4.2.1) 的力学问题例子.

例 4.2.1　令 $\mathcal{A}$ 与 $\mathcal{B}$ 为分别用于描述材料的黏性和弹性性质的非线性算子, 并满足条件 $H(\mathcal{A})$ 和 $H(\mathcal{B})$. 而 $\mathcal{C}$ 表示一个线性松弛算子. 则形成如下力学问题: 具有长期记忆形式的开尔文-沃伊特黏弹性本构方程

$$\sigma(t) = \mathcal{A}(t, \varepsilon(\dot{u}(t))) + \mathcal{B}(t, \varepsilon(u(t))) + \int_0^t \mathcal{C}(t-s)\varepsilon(u(s))\mathrm{d}s$$

易于验证取式 (4.2.1) 中的符号测度为通常意义下的长度度量, 并做适当变量代换时, 上式是式 (4.2.1) 的一个特例.

具有长期记忆的黏弹性摩擦接触问题被许多研究者讨论, 如文献 [82, 83] 中的结果, 更详细的关于长期记忆的模型, 可参见文献 [36, 84].

另外, 用正弦驱动压痕试验来表征关节软骨的性质已被证明是一种行之有效的方法. 基于黏弹性相关理论, Argatov[31] 描述了关于关节软

骨的力学响应层的黏弹性模型, 并应用渐近建模的方法, 分析和解释了压痕试验的结果. 应用时间与频率间的转化关系, 我们对文献 [31] 文中式 (30) 和式 (115) 进行简单的变形与推导即可得到如下形式的黏弹性本构方程:

$$\sigma(t) = \frac{a_1 t^2}{a_2 + t^2}\varepsilon(\dot{u}(t)) + \frac{b_1 + b_2 t^2}{b_3 + t^2}\varepsilon(u(t))$$

其中 a_1, a_2 与 b_1, b_2, b_3 是依赖于作用在应力、平衡弹性模量和玻璃体弹性模量等的应变松弛时间的参数.

易于验证 $\mathcal{A}(t, \varepsilon(\dot{u}(t))) \doteq \dfrac{a_1 t^2}{a_2 + t^2}\varepsilon(\dot{u}(t))$ 和 $\mathcal{B}(t, \varepsilon(u(t))) \doteq \dfrac{b_1 + b_2 t^2}{b_3 + t^2}$ $\varepsilon(u(t))$ 满足假设条件 $H(\mathcal{A})$ 与 $H(\mathcal{B})$.

记 $f(t)$ 为 V_1 中元, 定义

$$(f(t), v)_V = (f_0(t), v)_H + (f_2(t), v)_{L^2(\Gamma_2)^d}, \quad \forall v \in V_1, \quad \text{a.e. } t \in \bar{I} \tag{4.2.7}$$

假设体力与表面牵引力满足 $f_0 \in C(\bar{I}; H)$ 和 $f_2 \in C(\bar{I}; L^2(\Gamma_2))$, 则有

$$f \in C(\bar{I}; V_1) \tag{4.2.8}$$

令 $j : L^2(\Gamma_3) \times V_1 \to \mathcal{R}$ 为定义如下的泛函:

$$j(v; w) = \int_{\Gamma_3} g(v)\|w_\tau\|\mathrm{d}a, \quad \forall v \in L^2(\Gamma_3), w \in V_1 \tag{4.2.9}$$

由假设条件 $H(g)$ 可知式 (4.2.9) 中的积分是良定义的.

引理 4.2.1(格朗沃尔不等式) 设 $f, g \in C[a, b]$ 满足

$$f(t) \leqslant g(t) + c\int_a^t f(s)\mathrm{d}s, \quad t \in [a, b]$$

其中 $c>0$ 为一常数. 则

$$f(t)\leqslant g(t)+c\int_a^t g(s)\mathrm{e}^{c(t-s)}\mathrm{d}s,\quad t\in[a,b]$$

进而若有 g 非减, 则

$$f(t)\leqslant g(t)\mathrm{e}^{c(t-a)},\quad t\in[a,b]$$

结合上述假设, 应用类似于第二章构建摩擦接触问题变分公式的方法, 由式 (4.2.3) ~ 式 (4.2.6) 可得如下的变分公式.

问题 4.2.1　求位移 $u:\bar{I}\to V_1$ 使得式 (4.2.6) 成立且

$$\begin{aligned}&(\mathcal{A}(t,\varepsilon(\dot{u}(t))),\varepsilon(v-\dot{u}(t)))_Q+(\mathcal{B}(t,\varepsilon(u(t))),\varepsilon(v-\dot{u}(t)))_Q\\&+(\mathcal{G}h(t,\varepsilon(u)),\varepsilon(v-\dot{u}(t)))_Q+j(S_t(\dot{u});v)-j(S_t(\dot{u});\dot{u}(t))\\&\geqslant(f(t),v-\dot{u}(t))_V,\quad\forall v\in V_1,\quad\text{a.e. }t\in\bar{I}\end{aligned}\tag{4.2.10}$$

首先考虑如下问题.

问题 4.2.2　求位移 $u:\bar{I}\to V_1$ 使得式 (4.2.6) 成立且

$$\begin{aligned}&(\mathcal{A}(t,\varepsilon(\dot{u}(t))),\varepsilon(v-\dot{u}(t)))_Q+(\mathcal{G}h(t,\varepsilon(u)),\varepsilon(v-\dot{u}(t)))_Q+j(S_t(\dot{u});v)\\&-j(S_t(\dot{u});\dot{u}(t))\geqslant(f(t),v-\dot{u}(t))_V,\quad\forall v\in V_1,\quad\text{a.e. }t\in\bar{I}\end{aligned}\tag{4.2.11}$$

为求解上述问题, 我们引入一些关于第二类椭圆变分不等式的结论: 给定 $f\in X$, 求 $u\in V$ 使得

$$(A(t,u),v-u)_V+j(v)+j(u)\geqslant(f,v-u)_V,\quad\forall v\in V,\quad\text{a.e. }t\in\bar{I}\tag{4.2.12}$$

引理 4.2.2[25] 令 $j:V\to\overline{\mathcal{R}}$ 为正常且凸的下半连续泛函. 则对任意 $f\in V$, 存在唯一的 $u:=\mathrm{Prox}_j(f)$ 使得

$$u\in V,\quad (u,v-u)_V+j(v)-j(u)\geqslant(f,v-u)_V,\quad \forall v\in V,\quad \text{a.e. } t\in\bar{I} \tag{4.2.13}$$

设 X 为一个希尔伯特空间, 称为近似算子的 $\mathrm{Prox}_j:X\to X$ 定义为 $f\to\mathrm{Prox}_j f$, 最早在文献 [85] 中引入. Prox_j 为一非扩张算子:

$$\|\mathrm{Prox}_j f_1-\mathrm{Prox}_j f_2\|_X\leqslant\|f_1-f_2\|_X,\qquad f_1,f_2\in X$$

引理 4.2.3 令 V 为希尔伯特空间. 设条件 $H(\mathcal{A})$ 成立且 $j:V\to\overline{\mathcal{R}}$ 为一个正常且凸的下半连续泛函. 则对任意 $f\in V$, 变分不等式 (4.2.12) 存在唯一解.

证明 对任意 $f\in V$, 令 $\rho>0$ 为一待定的参数. 由于 $\rho j:V\to\overline{\mathcal{R}}$ 仍为一个正常且凸的下半连续泛函, 定义算子 $T:\bar{I}\times V\to V$ 如下

$$T(t,v)=\mathrm{Prox}_{\rho j}(\rho f-\rho A(t,v)+v),\quad \forall v\in V,\text{a.e. } t\in\bar{I} \tag{4.2.14}$$

其中 $(A(t,u),v)_V\doteq(\mathcal{A}(x,t,\varepsilon(u)),\varepsilon(v))_Q$ (参见式 (4.2.1)). 下证适当选择参数 ρ 可使算子 T 成为定义在 $\bar{I}\times V$ 上的压缩映像.

令 $u,v\in V$. 由于 Prox 为一非扩张映像, 于是从式 (4.2.14) 可得

$$\|T(t,u)-T(t,v)\|_V^2\leqslant\|u-v-\rho(A(t,u)-A(t,v))\|_V^2$$

$$=\|u-v\|_V^2-2\rho(A(t,u)-A(t,v),u-v)_V+\rho^2\|A(t,u)-A(t,v)\|_V^2$$

再由条件 $H(\mathcal{A})$ 和式 (4.1.1), 有

$$\|T(t,u)-T(t,v)\|_V^2 \leqslant (1-2\rho M+\rho^2 L^2)\|u-v\|_V^2$$

若 $0 \leqslant \rho \leqslant \dfrac{2M}{L^2}$, 则

$$0<1-2\rho M+\rho^2 L^2<1$$

取

$$\alpha=(1-2\rho M+\rho^2 L^2)^{\frac{1}{2}}$$

进而 $\alpha \in (0,1)$ 且

$$\|T(t,u)-T(t,v)\|_V^2 \leqslant \alpha\|u-v\|_V^2$$

这表明 $T: \bar{I} \times V \rightarrow V$ 为一压缩映像. 因此 T 有一不动点 u, 即

$$u=\operatorname{Prox}_{\rho j}(\rho f-\rho A(t,u)+u), \quad \text{a.e. } t \in \bar{I}$$

这表明

$$(u,v-u)_V+\rho j(v)-\rho j(u) \geqslant (\rho f-\rho A(t,u)+u,v-u)_V, \quad \forall v \in V, \text{a.e. } t \in \bar{I}$$

于是

$$\rho[(A(t,u),v-u)_V+j(v)-j(u)] \geqslant \rho(f,v-u)_V, \quad \forall v \in V, \text{a.e. } t \in \bar{I}$$

因为 $\rho>0$, 我们可知 u 为变分不等式 (4.2.12) 的一个解.

为证唯一性, 设 $u_1, u_2 \in V$ 为变分不等式 (4.2.12) 的两个不同的解. 则对任意 $v \in V$ 与 a.e. $t \in \bar{I}$,

$$(A(t,u_1),v-u_1)_V+j(v)+j(u_1) \geqslant (f,v-u_1)_V$$

且

$$(A(t,u_2),v-u_2)_V+j(v)+j(u_2)\geqslant(f,v-u_2)_V$$

由 j 正常, 可知 $j(u_1)<\infty$, $j(u_2)<\infty$. 在第一个不等式中取 $v=u_2$, 并在第二个不等式中取 $v=u_1$, 将两者相加, 得

$$(A(t,u_1)-A(t,u_2),u_1-u_2)_V\leqslant 0$$

应用式 (4.1.1) 和 $H(\mathcal{A})$, 可得 $u_1=u_2$.

注记 4.2.1 引理 4.2.3 是文献 [25] 中的定理 4.1 在显式时间依赖情况下的推广.

4.3 具时滞滑动支撑摩擦接触问题解的存在唯一性

在这一节, 我们证明问题 4.3.1 解的存在唯一性结论. 以下部分中, 我们总假设条件 $H(\mathcal{A})$、$H(\mathcal{B})$、$H(g)$、$H(h)$ 和式 (4.2.8) 成立.

定理 4.3.1 问题 4.2.2 有唯一解 $u\in C^1(\bar{I};V_1)$.

定理 4.3.1 的证明基于不动点理论, 证明过程由以下几个部分组成. 令 $\eta\in C(\bar{I};Q)$ 和 $\xi\in C(\bar{I};V_1)$ 任意给定.

考虑如下辅助变分不等式问题.

问题 4.3.1 求 $w_{\eta\xi}:\bar{I}\to V_1$ 使得对任意的 $v\in V_1$ 有

$$\begin{aligned}&(\mathcal{A}(t,\varepsilon(w_{\eta\xi}(t))),\varepsilon(v-w_{\eta\xi}(t)))_Q+(\eta(t),\varepsilon(v-w_{\eta\xi}(t)))_Q+j(S_t(\xi);v)\\&-j(S_t(\xi);w_{\eta\xi}(t))\geqslant(f(t),v-w_{\eta\xi}(t))_V,\quad \text{a.e. } t\in\bar{I}\end{aligned}\tag{4.3.1}$$

引理 4.3.1 问题 4.3.1 存在唯一解 $w_{\eta\xi}\in C(\bar{I};V_1)$.

证明　对任一取定的 $t \in \bar{I}$, 依据假设条件 (4.2.4)、$H(\mathcal{A})$、$H(g)$ 和式 (4.2.9), 式 (4.3.1) 为 Q 上一椭圆变分不等式. 故由引理 4.2.3 知, 问题 4.3.1 是唯一可解的. 令 $w_{\eta\xi}(t) \in V_1$ 为问题 4.3.1 的唯一解, 下证 $w_{\eta\xi}(t) \in C(\bar{I}, V_1)$.

设 $t_1, t_2 \in \bar{I}$. 为简化符号, 令 $w_{\eta\xi}(t_i) = w_i$、$\eta(t_i) = \eta_i$、$f(t_i) = f_i$, 其中 $i = 1, 2$. 对 $t = t_1, t_2$, 由式 (4.3.1), 有

$$\begin{aligned}&\left(\mathcal{A}\left(t_1, \varepsilon\left(w_1\right)\right), \varepsilon\left(v-w_1\right)\right)_Q+\left(\eta_1, \varepsilon\left(v-w_1\right)\right)_Q+j\left(S_{t_1}(\xi) ; v\right) \\ &-j\left(S_{t_1}(\xi) ; w_1\right) \geqslant\left(f_1, v-w_1\right)_V\end{aligned} \tag{4.3.2}$$

$$\begin{aligned}&\left(\mathcal{A}\left(t_2, \varepsilon\left(w_2\right)\right), \varepsilon\left(v-w_2\right)\right)_Q+\left(\eta_2, \varepsilon\left(v-w_2\right)\right)_Q+j\left(S_{t_2}(\xi) ; v\right) \\ &-j\left(S_{t_2}(\xi) ; w_2\right) \geqslant\left(f_2, v-w_2\right) V\end{aligned} \tag{4.3.3}$$

在式 (4.3.2) 中取 $v = w_2$ 及在式 (4.3.3) 中取 $v = w_1$, 之后相加两式, 得

$$\begin{aligned}&\left(\mathcal{A}\left(t_1, \varepsilon\left(w_1\right)\right)-\mathcal{A}\left(t_2, \varepsilon\left(w_2\right)\right), \varepsilon\left(w_1-w_2\right)\right)_Q \leqslant\left(f_1-f_2, w_1-w_2\right)_V \\ &+\left(\eta_1-\eta_2, \varepsilon\left(w_1-w_2\right)\right)_Q+D\left(t_1, t_2, \xi, w_1, w_2\right)\end{aligned}$$

其中

$$\begin{aligned}D\left(t_1, t_2, \xi, w_1, w_2\right)= & j\left(S_{t_1}(\xi) ; w_2\right)-j\left(S_{t_1}(\xi) ; w_1\right) \\ & +j\left(S_{t_2}(\xi) ; w_1\right)-j\left(S_{t_2}(\xi) ; w_2\right)\end{aligned}$$

这表明

$$
\begin{aligned}
&\left(\mathcal{A}\left(t_1,\varepsilon\left(w_1\right)\right)-\mathcal{A}\left(t_1,\varepsilon\left(w_2\right)\right),\varepsilon\left(w_1-w_2\right)\right)_Q \\
\leqslant&\left(\mathcal{A}\left(t_1,\varepsilon\left(w_2\right)\right)-\mathcal{A}\left(t_2,\varepsilon\left(w_2\right)\right),\varepsilon\left(w_1-w_2\right)\right)_Q+D\left(t_1,t_2,\xi,w_1,w_2\right) \\
&+\left(\eta_1-\eta_2,\varepsilon\left(w_1-w_2\right)\right)_Q+\left(f_1-f_2,w_1-w_2\right)_V
\end{aligned}
\tag{4.3.4}
$$

由 $H(\mathcal{A})$, 可得

$$
\left(\mathcal{A}\left(t_1,\varepsilon\left(w_1\right)\right)-\mathcal{A}\left(t_1,\varepsilon\left(w_2\right)\right),\varepsilon\left(w_1-w_2\right)\right)_Q \geqslant M\left\|w_1-w_2\right\|_V^2 \tag{4.3.5}
$$

和

$$
\left\|\mathcal{A}\left(t_1,\varepsilon\left(w_2\right)\right)-\mathcal{A}\left(t_2,\varepsilon\left(w_2\right)\right)\right\|_Q \leqslant L\left|t_1-t_2\right| \tag{4.3.6}
$$

构造算子 $\gamma: V \rightarrow L^2\left(\Gamma_3\right)$ 使 $\gamma v=\left.v\right|_{\Gamma_3}$, 因为 γ 为一线性连续算子, 易知存在常数 $c>0$ 使得

$$
\|v\|_{L^2\left(\Gamma_3\right)} \leqslant c\|v\|_V \tag{4.3.7}
$$

由式 (4.1.4)、式 (4.2.9)、式 (4.3.3) 和 $H(g)$ 有

$$
D\left(t_1,t_2,\xi,w_1,w_2\right) \leqslant L_2\left(1+\|\xi\|_{C(\bar{I};V)}\left|t_1-t_2\right| \cdot\left\|w_1-w_2\right\|\right) \tag{4.3.8}
$$

又由式 (4.3.4)~ 式 (4.3.6) 和式 (4.3.8), 得

$$
\begin{aligned}
\left\|w_1-w_2\right\|_V \leqslant & \frac{1}{M}\left(\left\|f_1-f_2\right\|_V+\left\|\eta_1-\eta_2\right\|_Q\right. \\
& \left.+\left|t_1-t_2\right|\left(L+L_2\left(1+\|\xi\|_{C(\bar{I};V)}\right)\right)\right)
\end{aligned}
\tag{4.3.9}
$$

这意味着 $w_{\eta\xi} \in C(\bar{I}; V_1)$.

为获得问题 4.2.2 的唯一解, 引入如下算子 $\Lambda_\eta : C(\bar{I}; V_1) \to C(\bar{I}; V_1)$

$$\Lambda_\eta \xi = w_{\eta\xi}, \quad \forall \xi \in C(\bar{I}; V_1) \tag{4.3.10}$$

引理 4.3.2　对任意 $\eta \in C(\bar{I}; Q)$, 算子 Λ_η 有唯一不动点 $\xi_\eta \in C(\bar{I}; V_1)$.

证明　令 $\eta \in C(\bar{I}; Q)$, $\xi_1, \xi_2 \in C(\bar{I}; V_1)$. 记当 $\xi = \xi_i$, 其中 $i = 1, 2$ 时式 (4.3.1) 的解为 w_i. 应用类似于证明式 (4.3.4) 的技巧, 可得

$$\left(\mathcal{A}\left(t, \varepsilon\left(w_1\right)\right) - \mathcal{A}\left(t, \varepsilon\left(w_2\right)\right), \varepsilon\left(w_1 - w_2\right)\right)_Q \leqslant D\left(t, \xi_1, \xi_2, w_1, w_2\right)$$

其中

$$\begin{aligned} D\left(t, \xi_1, \xi_2, w_1, w_2\right) = & j\left(S_t\left(\xi_1\right); w_2\right) - j\left(S_t\left(\xi_1\right); w_1\right) \\ & + j\left(S_t\left(\xi_2\right); w_1\right) - j\left(S_t\left(\xi_2\right); w_2\right) \end{aligned}$$

利用式 (4.2.4)、式 (4.3.3)、式 (4.3.9) 和 $H(g)$, 可将问题简化为, 对任意 $t \in \bar{I}$,

$$D\left(t, \xi_1, \xi_2, w_1, w_2\right) \leqslant c_1 \int_0^t \left\|\xi_1(s) - \xi_2(s)\right\|_V \mathrm{d}s \left\|w_1(t) - w_2(t)\right\|_V$$

其中 $c_1 = cL_2$. 利用获得式 (4.3.9) 的方法, 有

$$\left\|w_1(t) - w_2(t)\right\|_V \leqslant \frac{c_1}{M} \int_0^t \left\|\xi_1(s) - \xi_2(s)\right\|_V \mathrm{d}s, \quad \text{a.e. } t \in \bar{I}$$

由于 $w_i = w_{\eta\xi_i} = \Lambda_\eta \xi_i$, 上述不等式可重写为

$$\left\|\Lambda_\eta \xi_1(t) - \Lambda_\eta \xi_2(t)\right\|_V \leqslant \frac{c_1}{M} \int_0^t \left\|\xi_1(s) - \xi_2(s)\right\|_V \mathrm{d}s, \quad \text{a.e. } t \in \bar{I}$$

对 $w \in C(\bar{I}; V_1)$, 令

$$\|w\|_\beta = \max_{t \in I} \mathrm{e}^{-\beta t} \|w(t)\|_V$$

其中 $\beta > 0$ 为一待定常数. 显然 $\|\cdot\|_\beta$ 定义了空间 $C(\bar{I}; V_1)$ 上一范数且

$$\begin{aligned}
&\mathrm{e}^{-\beta t} \|\Lambda_\eta \xi_1(t) - \Lambda_\eta \xi_2(t)\|_V \\
\leqslant& \frac{c_1 \mathrm{e}^{-\beta t}}{M} \int_0^t \mathrm{e}^{\beta s} \mathrm{e}^{-\beta s} \|\xi_1(s) - \xi_2(s)\|_V \mathrm{d}s \\
\leqslant& \frac{c_1 \mathrm{e}^{-\beta t}}{M} \int_0^t \mathrm{e}^{\beta s} \|\xi_1 - \xi_2\|_\beta \mathrm{d}s \leqslant \frac{c_1}{M\beta} \|\xi_1 - \xi_2\|_\beta, \quad \text{a.e. } t \in \bar{I}
\end{aligned}$$

因此

$$\|\Lambda_\eta \xi_1 - \Lambda_\eta \xi_2\|_\beta \leqslant \frac{c_1}{M\beta} \|\xi_1 - \xi_2\|_\beta$$

若适当选择 β 使得 $M\beta > c_1$, 则算子 Λ_η 对赋予了等价范数 $\|\cdot\|_\beta$ 的空间 $C(\bar{I}; V_1)$ 为压缩的.

因此, 算子 Λ_η 有唯一不动点 $\xi_\eta \in C(\bar{I}; V_1)$.

对任意 $\eta \in C(\bar{I}; Q)$, 记

$$w_\eta = w_{\eta \xi_\eta} \tag{4.3.11}$$

由 $\Lambda_\eta \xi_\eta = \xi_\eta$、式 (4.3.10) 和式 (4.3.11), 可得

$$w_\eta = \xi_\eta \tag{4.3.12}$$

在式 (4.3.1) 中取 $\xi = \xi_\eta$ 并应用式 (4.3.11) 和式 (4.3.12), 可知对任意 $v \in V_1$ 及几乎处处的 $t \in \bar{I}$, 有

$$\Big(\mathcal{A}(t, \varepsilon(w_\eta(t))), \varepsilon(v - w_\eta(t))_Q + (\eta, \varepsilon(v - w_\eta(t)))\Big)_Q$$

$$+j\left(S_t\left(w_\eta\right);v\right)-j\left(S_t\left(w_\eta\right);w_\eta\left(t\right)\right)\geqslant\left(f\left(t\right),v-w_\eta\left(t\right)\right)_V \tag{4.3.13}$$

令 $w_\eta:\bar{I}\to V_1$ 为一如下定义的函数

$$u_\eta\left(t\right)=\int_0^t w_\eta\left(x\right)\mathrm{d}s+u_0,\ \text{a.e. } t\in\bar{I} \tag{4.3.14}$$

此外, 定义算子 $\Lambda:C\left(\bar{I};Q\right)\to C\left(\bar{I};Q\right)$

$$\Lambda\eta=\int_{-r}^0 h\left(t+\theta,\varepsilon\left(u_\eta\right)\right)\mu\left(\mathrm{d}\theta\right),\ \forall\eta\in C\left(\bar{I};Q\right),\quad \text{a.e. } t\in\bar{I} \tag{4.3.15}$$

引理 4.3.3　算子 Λ 有唯一不动点 $\eta^*\in C\left(\bar{I};Q\right)$.

证明　对任意 $\eta_1,\eta_2\in C\left(\bar{I};Q\right)$, 令 $u_i=u_{\eta i},u_i=u_{\eta i},w_i=w_{\eta i}$, 其中 $i=1,2$. 由式 (4.3.13), 应用引理 4.3.2 证明中的类似方法, 可得

$$\left\|w_1\left(t\right)-w_2\left(t\right)\right\|_V\leqslant c_2\left(\left\|\eta_1\left(t\right)-\eta_2\left(t\right)\right\|_Q+\int_0^t\left\|w_1\left(s\right)-w_2\left(s\right)\right\|_V\mathrm{d}s\right),$$

$$\text{a.e. } t\in\bar{I}$$

其中 $c_2=\max\left\{\dfrac{1}{M},\dfrac{c}{M}\right\}$.

应用格朗沃尔不等式可得

$$\left\|w_1\left(t\right)-w_2\left(t\right)\right\|_V\leqslant c_3\left(\left\|\eta_1\left(t\right)-\eta_2\left(t\right)\right\|_Q+\int_0^t\left\|\eta_1\left(s\right)-\eta_2\left(s\right)\right\|_Q\mathrm{d}s\right),$$

$$\text{a.e. } t\in\bar{I}$$

其中 $c_3=\max\left\{c_2,c_2^2\mathrm{e}^{c_2T}\right\}$.

因此

$$\int_0^t\left\|w_1\left(s\right)-w_2\left(s\right)\right\|_V\mathrm{d}s\leqslant c_4\int_0^t\left\|\eta_1\left(s\right)-\eta_2\left(s\right)\right\|_Q\mathrm{d}s,\qquad \text{a.e. } t\in\bar{I}$$

其中 $c_4 = c_3(1+T)$. 对式 (4.3.15) 定义的算子 Λ, 由式 (4.2.1)、注记 4.1.3 和 $H(h)$, 得

$$\begin{aligned}
\|\Lambda\eta_1(t) - \Lambda\eta_2(t)\|_Q &= \left\|\int_{-r}^{0} [h(t+\theta, \varepsilon(u_1)) - h(t+\theta, \varepsilon(u_2))]\,\mu(\mathrm{d}\theta)\right\|_Q \\
&\leqslant |\mu|([-r,0])\,\|h(t+\theta,\varepsilon(u_1)) - h(t+\theta,\varepsilon(u_2))\|_Q \\
&\leqslant L_3|\mu|([-r,0])\,\|u_1 - u_2\|_V \\
&\leqslant c_5\int_0^t \|\eta_1 - \eta_2\|_V \mathrm{d}s, \qquad \text{a.e. } t\in\bar{I}
\end{aligned} \tag{4.3.16}$$

其中 $c_5 = L_3|\mu|([-r,0])\,c_4$. 由式 (4.3.16), 应用引理 4.3.2 类似的证明方法可得引理 4.3.3 成立.

下面我们证明定理 4.3.1.

证明 令 $\eta^* \in C(\bar{I};Q)$ 为 Λ 的不动点, $u_{\eta^*} \in C^1(\bar{I};Q)$ 为定义式 (4.3.15) 当 $\eta = \eta^*$ 时所取函数. 对任意 $v\in V_1$ 和几乎处处的 $t\in\bar{I}$, 由 $\dot{u}_{\eta^*} = w_{\eta^*}$ 和式 (4.3.13) 得

$$\begin{aligned}
&\Big(\mathcal{A}(t,\varepsilon(\dot{u}_{\eta^*}(t))), \varepsilon(v - \dot{u}_{\eta^*}(t))_Q + (\eta^*, \varepsilon(v - \dot{u}_{\eta^*}(t)))\Big)_Q \\
&+ j(S_t(\dot{u}_{\eta^*}); v) - j(S_t(\dot{u}_{\eta^*}); \dot{u}_{\eta^*}(t)) \geqslant (f(t), v - \dot{u}_{\eta^*}(t))_V
\end{aligned}$$

即由式 (4.3.15) 和式 (4.3.16) 可知式 (4.3.11). 进而, 由式 (4.3.14) 知 $u_{\eta^*}(0) = u_0$, 即得结论 u_{η^*} 为问题 4.2.2 的一个解.

令 $u_1, u_2 \in C(\bar{I};V_1)$ 均为问题 4.2.2 的解, 记 $w_i = \dot{u}_i$, 其中 $i=1,2$. 则有

$$u_i(t) = \int_0^t w_i(s)\,\mathrm{d}s + u_0, \qquad \text{a.e. } t\in\bar{I} \tag{4.3.17}$$

对几乎处处的 $t \in \bar{I}$, 应用获得式 (4.3.4) 的类似方法, 有

$$
\begin{aligned}
&\left(\mathcal{A}\left(t, \varepsilon\left(w_1(t)\right)\right)-\mathcal{A}\left(t, \varepsilon\left(w_2(t)\right)\right), \varepsilon\left(w_1(t)-w_2(t)\right)\right)_Q \\
&\leqslant\left(\Lambda \eta_1(t)-\Lambda \eta_2(t), \varepsilon\left(w_1(t)-w_2(t)\right)\right)_Q+D\left(t, w_1, w_2\right)
\end{aligned} \tag{4.3.18}
$$

其中

$$
\begin{aligned}
D\left(t, w_1, w_2\right)= & j\left(S_t\left(w_1\right) ; w_2(t)\right)-j\left(S_t\left(w_1\right) ; w_1(t)\right) \\
& +j\left(S_t\left(w_2\right) ; w_1(t)\right)-j\left(S_t\left(w_2\right) ; w_2(t)\right)
\end{aligned}
$$

由式 (4.2.4)、式 (4.3.3)、式 (4.3.9) 和 $H(g)$ 可得

$$
D\left(t, w_1, w_2\right) \leqslant c_1 \int_0^t\left\|w_1(s)-w_2(s)\right\|_V \mathrm{d} s\left\|w_1(t)-w_2(t)\right\|_V, \quad \text{a.e. } t \in \bar{I} \tag{4.3.19}
$$

由假设条件 $H(\mathcal{A})$ 及式 (4.3.16)~ 式 (4.3.19), 可知对几乎处处的 $t \in \bar{I}$,

$$
\left\|w_1(t)-w_2(t)\right\|_V \leqslant c_6\left(\left\|u_1(t)-u_2(t)\right\|_V+\int_0^t\left\|w_1(s)-w_2(s)\right\|_V \mathrm{d} s\right) \tag{4.3.20}
$$

其中

$$
c_6=\max \left\{\frac{L_3|\mu|([-r, 0])}{M}, \frac{c_1}{M}\right\}
$$

应用格朗沃尔不等式可得

$$
\left\|w_1(t)-w_2(t)\right\|_V \leqslant c_7\left(\left\|u_1(t)-u_2(t)\right\|_V+\int_0^t\left\|u_1(s)-u_2(s)\right\|_V \mathrm{d} s\right),
$$

$$
\text{a.e. } t \in \bar{I}
$$

其中 $c_7=\max\{c_6,c_6^2\mathrm{e}^{c_6T}\}$.

回顾 u_1 和 u_2 的定义 (4.3.17) 并令 $c_8=c_7(1+T)$, 有

$$\|w_1(t)-w_2(t)\|_V\leqslant c_8\int_0^t\|w_1(s)-w_2(s)\|_V\mathrm{d}s,\quad \text{a.e. } t\in\bar{I}$$

进而 $w_1=w_2$. 由定义 (4.3.17), 可知 $u_1=u_2$.

定理 4.3.2 问题 4.2.1 有唯一解 $u\in C^1\left(\bar{I};V_1\right)$.

证明 令 $\zeta\in C\left(\bar{I};V_1\right)$ 并记 $u_\zeta\in C\left(\bar{I};V_1\right)$ 为下列问题的解

$$\begin{aligned}&\Big(\mathcal{A}(t,\varepsilon(\dot{u}_\zeta(t))),\varepsilon(v-\dot{u}_\zeta(t))_Q+(\mathcal{G}h(t,\varepsilon(u_\zeta)),\varepsilon(v-\dot{u}_\zeta(t)))\Big)_Q\\&+j(S_t(\dot{u}_\zeta);v)-j(S_t(\dot{u}_\zeta);\dot{u}_\zeta(t))\geqslant(f(t)-\zeta(t),v-\dot{u}_\zeta(t))_V,\\&\forall v,u_\zeta\in V_1,\qquad \text{a.e. } t\in\bar{I}\end{aligned}\tag{4.3.21}$$

其中

$$(\mathcal{B}(t,\varepsilon(u_\zeta(t))),\varepsilon(v-\dot{u}_\zeta(t)))_Q=(\zeta(t),v-\dot{u}_\zeta(t))_V$$

由定理 4.3.1, 可知问题 4.2.1 存在唯一解 u_ζ.

考虑如下定义的算子 $\varUpsilon:C\left(\bar{I};V^*\right)\to C\left(\bar{I};V^*\right)$

$$\varUpsilon\zeta(t)=\mathcal{B}(t,\varepsilon(u_\zeta(t))),\ \forall\zeta\in C\left(\bar{I};V_1\right),\text{a.e. } t\in\bar{I}\tag{4.3.22}$$

下证算子 $\varUpsilon$ 有唯一不动点. 事实上, 对任意 $\zeta_1,\zeta_2\in C\left(\bar{I};V_1\right)$, 令 $u_1=u_{\zeta_1}$ 和 $u_2=u_{\zeta_2}$ 为对应于式 (4.3.21) 的解, 则有 $u_1,u_2\in C\left(\bar{I};V_1\right)$. 应用类似于式 (4.3.18) 的证明方法, 有

$$(\zeta_2(t)-\zeta_1(t),w_1(t)-w_2(t))_V+D(t,w_1,w_2)$$

$$\geqslant \left(\mathcal{A}\left(t, \varepsilon\left(w_1(t)\right)\right)-\mathcal{A}\left(t, \varepsilon\left(w_1(t)\right)\right)\right), \varepsilon\left(w_1(t)-w_2(t)\right)_Q$$

$$+\left(\mathcal{G} h\left(t, \varepsilon\left(u_1\right)\right)-\mathcal{G} h\left(t, \varepsilon\left(u_2\right)\right), \varepsilon\left(w_1(t)-w_2(t)\right)\right)_Q, \quad \text{a.e. } t \in \bar{I}$$

由 $H(\mathcal{A})$、$H(h)$、式 (4.2.1)、式 (4.3.16)、式 (4.3.17) 和式 (4.3.19), 有

$$\left\|w_1(t)-w_2(t)\right\|_V \leqslant c_9\left(\left\|\zeta_1(t)-\zeta_2(t)\right\|_V+\int_0^t\left\|w_1(s)-w_2(s)\right\|_V \mathrm{d} s\right),$$

a.e. $t \in \bar{I}$

其中 $c_9=\max \left\{\dfrac{1}{M+M'}, \dfrac{1+c}{M+M'}\right\}$.

应用格朗沃尔不等式可得

$$\int_0^t\left\|w_1(s)-w_2(s)\right\|_V \mathrm{d} s \leqslant c_{10} \int_0^t\left\|\zeta_1(s)-\zeta_2(s)\right\|_V \mathrm{d} s, \qquad \text{a.e. } t \in \bar{I} \tag{4.3.23}$$

其中 $c_{10}=(1+T) \max \left\{c_9, c_9^2 \mathrm{e}^{c_9 T}\right\}$. 由 $H(\mathcal{B})$、式 (4.3.22) 和式 (4.3.23), 有

$$\left\|\varUpsilon \zeta_1(t)-\varUpsilon \zeta_2(t)\right\|_V^2 \leqslant c_{11} \int_0^t\left\|\zeta_1(s)-\zeta_2(s)\right\|_V^2 \mathrm{d} s, \quad \text{a.e. } t \in \bar{I}$$

其中 $c_{11}=T c_{10}^2 L_1^2$. 对上述不等式迭代 p 次, 可得

$$\left\|\varUpsilon^p \zeta_1(t)-\varUpsilon^p \zeta_2(t)\right\|_V^2 \leqslant \frac{c_{11}^p t^{p-1}}{(p-1)!} \int_0^t\left\|\zeta_1(s)-\zeta_2(s)\right\|_V^2 \mathrm{d} s, \quad \text{a.e. } t \in \bar{I}$$

即有

$$\left\|\varUpsilon^p \zeta_1-\varUpsilon^p \zeta_2\right\|_{L^2(\bar{I}; V)} \leqslant\left(\frac{c_{11}^p T^p}{(p-1)!}\right)^{\frac{1}{2}}\left\|\zeta_1-\zeta_2\right\|_{L^2(\bar{I}; V)}, \quad \text{a.e. } t \in \bar{I}$$

又 $\lim\limits_{p\to\infty}\left(\dfrac{c_{11}^p T^p}{(p-1)!}\right)^{\frac{1}{2}}=0$, 所以上一个不等式意味着, 当 p 足够大时, $\varUpsilon$ 的乘方 $\varUpsilon^p$ 为压缩的. 于是可知存在唯一的 $\zeta^*\in V_1$ 使得 $\varUpsilon^p\zeta^*=\zeta^*$. 进而, 由

$$\varUpsilon^p\left(\varUpsilon\zeta^*\right)=\varUpsilon\left(\varUpsilon^p\zeta^*\right)=\varUpsilon\zeta^*$$

我们得出 $\varUpsilon\zeta^*$ 也是算子 AB 的一个不动点. 故由不动点的唯一性知 $\varUpsilon\zeta^*=\zeta^*$. 这表明 $\varUpsilon^p$ 为 $\varUpsilon$ 的不动点, $\varUpsilon$ 不动点的唯一性结果可直接由 $\varUpsilon^p$ 不动点的唯一性得到, 即 u_{ζ^*} 为问题 4.2.1 的唯一解.

注记 4.3.1 当 $\mathcal{G}=0$ 且黏性算子 $\mathcal{A}$ 和弹性算子 $\mathcal{B}$ 不显式时间依赖时, 定理简化为文献 [25] 中的定理 10.2. 另外, 定理 4.3.2 为文献 [80] 中定理 2.1 的推广.

4.4 收敛性分析

这一节, 我们研究问题 4.3.1 中 h 扰动时, 问题解的一些性质变化. 设 $H(\mathcal{A})$、$H(\mathcal{B})$、$H(g)$、$H(h)$ 成立, 且对 $\beta>0$, 记 h_β 为 h 的扰动.

考虑如下问题:

问题 4.4.1 求 $u_\beta:\bar{I}\to V_1$ 使得

$$\begin{aligned}&\left(\mathcal{A}\left(t,\varepsilon\left(\dot{u}_\beta(t)\right)\right),\varepsilon\left(v-\dot{u}_\beta(t)\right)\right)_Q+\left(\mathcal{B}\left(t,\varepsilon\left(u_\beta(t)\right)\right),\varepsilon\left(v-\dot{u}_\beta(t)\right)\right)_Q\\&+\left(\mathcal{G}h_\beta\left(t,\varepsilon\left(u_\beta\right)\right),\varepsilon\left(v-\dot{u}_\beta(t)\right)\right)_Q+j\left(S_t\left(\dot{u}_\beta\right);v\right)-j\left(S_t\left(\dot{u}_\beta\right);\dot{u}_\beta(t)\right)\\\geqslant&\left(f(t),v-\dot{u}_\beta(t)\right)_V,\ \forall v\in V_1\end{aligned}\tag{4.4.1}$$

$$u_\beta(0)=u_0\tag{4.4.2}$$

由定理 4.3.2 得, 对每一个 $\beta > 0$, 问题 4.4.1 有唯一解, 记这个唯一解为 $u_\beta \in C\left(\bar{I}; V_1\right)$.

为得到相应的收敛性结果, 我们引入如下条件:

$$\lim_{\beta \to 0} \left\| h_\beta\left(x, t, \varepsilon\right) - h\left(x, t, \varepsilon\right) \right\|_Q = 0 \tag{4.4.3}$$

下面给出结论.

定理 4.4.1　设 $H\left(\mathcal{A}\right)$、$H\left(\mathcal{B}\right)$、$H\left(g\right)$、$H\left(h\right)$ 和式 (4.2.8)、式 (4.4.3) 成立, 则问题 4.4.1 的解 u_β 收敛于问题 4.2.1 的解 u, 即

$$\lim_{\beta \to 0} \left\| u_\beta - u \right\|_{C\left(\bar{I}; V_1\right)} = 0 \tag{4.4.4}$$

证明　对任意 $\beta > 0$ 及 a.e. $t \in \bar{I}$,

$$\eta_\beta = \int_{-r}^{0} h_\beta\left(t + \theta, \varepsilon\left(u_\beta\left(\theta\right)\right)\right) \mu\left(\mathrm{d}\theta\right) \tag{4.4.5}$$

且

$$\eta = \int_{-r}^{0} h\left(t + \theta, \varepsilon\left(u\left(\theta\right)\right)\right) \mu\left(\mathrm{d}\theta\right) \tag{4.4.6}$$

考虑式 (4.4.1) 和式 (4.2.10) 以及 $H\left(\mathcal{A}\right)$ 和 $H\left(\mathcal{B}\right)$, 并应用类似于式 (4.3.20) 证明的方法, 得

$$\left\| w_\beta\left(t\right) - w\left(t\right) \right\|_V \leqslant c_{12} \left(\left\| \eta_\beta\left(t\right) - \eta\left(t\right) \right\|_V + \int_0^t \left\| w_\beta\left(s\right) - w\left(s\right) \right\|_V \mathrm{d}s \right),$$

a.e. $t \in \bar{I}$

其中 $c_{12} = \max\left\{ \dfrac{1}{M}, \dfrac{c + L_1}{M} \right\}$.

进而

$$\int_0^t \|w_\beta(s) - w(s)\|_V \mathrm{d}s \leqslant c_{13} \int_0^t \|\eta_\beta(s) - \eta(s)\|_V \mathrm{d}s, \quad \text{a.e. } t \in \bar{I} \tag{4.4.7}$$

其中 $c_{13} = (1+T)\max\{c_{12}, c_{12}^2 \mathrm{e}^{c_{12}T}\}$.

对几乎处处的 $t \in \bar{I}$, 由式 (4.4.5)、式 (4.4.6)、式 (4.2.1) 和注记 4.2.3 得

$$\begin{aligned}
&\|\eta_\beta(t) - \eta(t)\|_Q \\
\leqslant & |\mu|([-r,0])\,\|h_\beta(t+\theta, \varepsilon(u_\beta(\theta))) - h(t+\theta, \varepsilon(u(\theta)))\|_Q \\
\leqslant & |\mu|([-r,0])\,\big[\|h_\beta(t+\theta, \varepsilon(u_\beta(\theta))) - h_\beta(t+\theta, \varepsilon(u(\theta)))\|_Q \\
&+ \|h_\beta(t+\theta, \varepsilon(u(\theta))) - h(t+\theta, \varepsilon(u(\theta)))\|_Q\big]
\end{aligned}$$

由最后一个不等式及式 (4.4.3)、式 (4.4.7) 和 $H(h)$, 可得

$$\|w_\beta(t) - w(t)\|_V \leqslant c_{13}\,|\mu|([-r,0])\,TL_3 \int_0^t \|w_\beta(s) - w(s)\|_V \mathrm{d}s, \quad \text{a.e. } t \in \bar{I}$$

应用格朗沃尔不等式得 $w_\beta = w$, 故由式 (4.3.17) 自然得到收敛性结果式 (4.4.4).

第 5 章　具时滞拟定常非局部库仑摩擦接触问题

5.1　引　言

本章将引入一类形变体与固体基座间的摩擦接触问题. 假设形变中摩擦条件满足非局部库仑摩擦条件, 则形变体具有一个具时滞的黏弹性本构方程. 摩擦接触问题等价的数学模型可用一个拟定常变分不等式来表示. 通过使用相关变分不等式理论和巴拿赫不动点定理, 我们在一定假设条件下证明了所给出的拟定常变分不等式解是存在唯一的. 作为应用, 我们构造了相关变分问题的对偶变分公式, 并证明了这一对偶变分公式解的存在唯一性结论. 其中关于黏弹性拟定常摩擦接触问题的研究结果是文献 [25] 和 [43] 中研究成果的推广与改进.

5.2　预备知识

令 $\mathcal{R}^d$ 为一 d 维欧氏空间, $\mathcal{S}^d$ 为 $\mathcal{R}^d$ 中的二阶对称张量空间, $\mathcal{R}^d$ 和 $\mathcal{S}^d$ 上有如下定义:

$$u \cdot v = u_i v_i, \|v\| = (v \cdot v)^{1/2}, \quad \forall u, v \in \mathcal{R}^d$$

$$\sigma \cdot \mathcal{T} = \sigma_{ij} \mathcal{T}_{ij}, |\mathcal{T}| = (\mathcal{T} \cdot \mathcal{T})^{1/2}, \quad \forall \sigma, \mathcal{T} \in \mathcal{S}^d$$

其中指标 i、j 的取值均落在 1 与 d 之间.

令 $\Omega \subset \mathcal{R}^d$ 为一开连通有界区域, Ω 的利普希茨边界记为 Γ. Γ 可以分解为三个不相交的可测部分, 即 Γ_1, Γ_2 和 Γ_3, 其中 $\operatorname{meas}(\Gamma_1) > 0$. 设 $L^2(\Omega)$ 为 2 次可积的全体函数构成的勒贝格空间, $W^{k,p}(\Omega)$ 为定义在 Ω 上直到 k 次弱导数存在且 p 次可积的全体函数形成的索伯列夫空间, $H^k(\Omega) = W^{k,2}(\Omega)$, 并记 H^{-s} 为 H^s 的对偶空间, $C^1\left(\bar{I};X\right) \doteq \left\{v \in C\left(\bar{I};X\right) \middle| v' \in C\left(\bar{I};X\right)\right\}$. 对 $T > 0$, 令 $\bar{I} \doteq [0,T]$ 为研究中所关心的有界时间区间.

因为边界 Γ 是利普希茨连续的, 故记作 v 的单位外法向量在 Γ 几乎处处存在. 若形变体被固定在边界 Γ_1 上, 则其在 Γ_1 上位移为 0. 作用于边界 Γ_2 上的单位表面牵引力记为 f_1, 作用于 Ω 上的单位体力设为 f_0. 接触为双边接触, 即任意时刻在 Γ_3 上无法向位移 u_v.

引入所需空间及其内积如下:

$$H = \left\{v = (v_1, v_2, \cdots, v_d)^{\mathrm{T}} \middle| v_i \in L^2(\Omega), 1 \leqslant i \leqslant d\right\} = L^2(\Omega)^d$$

$$Q = \left\{\mathcal{T} = (\mathcal{T}_{ij}) \middle| \mathcal{T}_{ij} = \mathcal{T}_{ji} \in L^2(\Omega), 1 \leqslant i, j \leqslant d\right\} = L^2(\Omega)^{d\times d}_{\mathcal{S}}$$

$$Q_1 = \{\mathcal{T} \in Q \,|\operatorname{div} \mathcal{T} \in H\}$$

$$H_1 = \left\{v = (v_1, v_2, \cdots, v_d)^{\mathrm{T}} \middle| v_i \in H^1(\Omega), 1 \leqslant i \leqslant d\right\} = H^1(\Omega)^d$$

$$V = \{v \in H_1 \,| v = 0 \text{ on } \Gamma_1\}$$

$$V_1 = \{v \in V \,| v_\nu = 0 \text{ on } \Gamma_3\}$$

$$(u, v)_H = \int_\Omega u_i(x) v_i(x)\,\mathrm{d}x$$

$$(\sigma, \mathcal{T})_Q = \int_\Omega \sigma_{i,j}(x)\mathcal{T}_{i,j}(x)\,\mathrm{d}x$$

$$(u,v)_{H_1} = (u,v)_H + (\varepsilon(u), \varepsilon(v))_Q$$

$$(\sigma, \mathcal{T})_{Q_1} = (\sigma, \mathcal{T})_Q + (\mathrm{div}\sigma, \mathrm{div}\mathcal{T})_H$$

其中 ε 表示形变, 定义为 $\varepsilon(u) = (\varepsilon_{i,j}(u))$, $\varepsilon_{i,j}(u) = \dfrac{1}{2}(u_{i,j} + u_{j,i})$ 且 div 是散度算子, 定义为 $\mathrm{div}\sigma = (\sigma_{ij,j})$, $\sigma_{ij,j} = \dfrac{\partial \sigma_{ij}}{\partial x_j}$. 易于验证在内积满足上述条件的情况下, H, Q, H_1 和 Q_1 均成为希尔伯特空间. $\|\cdot\|_H, \|\cdot\|_Q, \|\cdot\|_{H_1}$ 与 $\|\cdot\|_{Q_1}$ 的相应范数分别记为 $\|\cdot\|_H, \|\cdot\|_Q$.

由于 V 为 H_1 的闭子空间且科恩不等式成立,

$$\|\varepsilon(v)\|_Q \geqslant \iota \|v\|_{H_1}, \forall v \in V$$

其中 ι 是仅依赖于 Ω 与 Γ_1 的正常数. 故定义 V 上的内积与范数如下

$$(u,v)_V = (\varepsilon(u), \varepsilon(v))_Q, \|v\|_V = \|\varepsilon(v)\|_Q, \quad \forall u, v \in V \tag{5.2.1}$$

$(V, (\cdot,\cdot)_V)$ 成为希尔伯特空间.

对任意 $v \in H_1$, v_ν 与 v_τ 表示 v 在 Γ 上的法向和切向分量

$$v_\nu = v \cdot \nu, \quad v_\tau = v - v_\nu \nu$$

同样地, σ_ν 与 $\sigma_{\mathcal{T}}$ 表示 $\sigma \in Q$ 的法向和切向分量, 同时注意, 当 σ 正则即 $\sigma \in C^1(\bar{\Omega})_{\mathcal{S}}^{d\times d}$ 时, 我们有

$$\sigma_\nu = (\sigma\nu)\cdot\nu, \quad \sigma_\tau = \sigma\nu - \sigma_\nu \nu \tag{5.2.2}$$

且下面的格林公式成立:

$$(\sigma, \varepsilon(v))_Q + (\mathrm{div}\sigma, v)_H = \int_\Gamma \sigma\nu \cdot v\mathrm{d}a, \quad \forall v \in H_1 \tag{5.2.3}$$

在本章中与时滞项相关的设定: 如博雷尔 σ-代数 $\mathcal{B}$、有限符号测度 $\mu(\cdot)$、算子 $h \in L^2(\Omega \times (-r, \infty))_{\mathcal{S}}^{d\times d}$ 与时滞算子 G 等的定义与性质参见 3.2 节的相关内容.

5.3 模型描述与变分公式

我们假设接触是双边的并且摩擦接触满足一个非局部库仑摩擦条件, 在以上假设下可得如下摩擦接触问题的表达: 求位移 $u : \Omega \times I \to \mathcal{R}^d$ 和应力 $\sigma : \Omega \times I \to \mathcal{S}^d$ 使得

$$\sigma = \mathcal{A}(t, \varepsilon(\dot{u}(t))) + \mathcal{B}(t, \varepsilon(u(t))) + \mathcal{G}h(t, \varepsilon(u)) \quad \text{在 } \Omega \times I \text{ 中} \tag{5.3.1}$$

$$\mathrm{div}\sigma + f_0 = 0 \quad \text{在 } \Omega \times I \text{ 中} \tag{5.3.2}$$

$$u = 0 \quad \text{在 } \Gamma_1 \times I \text{ 中} \tag{5.3.3}$$

$$\sigma v = f_1 \quad \text{在 } \Gamma_2 \times I \text{ 中} \tag{5.3.4}$$

$$u_v = 0, |\sigma_{\mathcal{T}}| \leqslant \alpha p(|\mathcal{T}_{\sigma_v}|)$$

$$|\sigma_{\mathcal{T}}| < \alpha p(|\mathcal{T}_{\sigma_v}|) \Rightarrow \dot{u}_{\mathcal{T}} = 0 \quad \text{在 } \Gamma_3 \times I \text{ 中} \tag{5.3.5}$$

$$|\sigma_{\mathcal{T}}| < \alpha p(|\mathcal{T}_{\sigma_v}|) \Rightarrow \exists \lambda \geqslant 0 \quad \text{s.t.} \quad \sigma_{\mathcal{T}} = -\lambda \dot{u}_{\mathcal{T}}$$

$$u(0) = u_0 \quad \text{在 } \Omega \text{ 中} \tag{5.3.6}$$

条件 (5.3.1) 表示黏弹性本构律, 其中 $\mathcal{A},\mathcal{B}$ 和 $\mathcal{G}$ 为给定的非线性算子, 分别称为黏性算子、弹性算子和时滞算子. 黏性算子、弹性算子和时滞算子中的显式时间依赖关系, 使模型可用于材料与温度变化相关, 即温度随时间发生变化的情况. 方程 (5.3.2) 为平衡方程. 式 (5.3.3) 与式 (5.3.4) 分别表达位移的边界条件和牵引力边界条件. 式 (5.3.5) 描述双边摩擦过程, 其中 p 为非负值函数, $\alpha \geqslant 0$ 表示摩擦系数. 由于边界上的应力在一般意义下过于粗糙, 我们引入非局部光滑算子 $\mathcal{T}: H^{-\frac{1}{2}}(\Gamma) \rightarrow L^2(\Gamma)$. 利用正则算子 τ 的连续性及映射 $\xi \mapsto \xi_v : Q_1 \rightarrow H^{-\frac{1}{2}}(\Gamma)$ 的连续性, 我们推知, 存在一个常数 $C_{\mathcal{T}} > 0$ 使得

$$\|\mathcal{T}\xi_v\|_{L^2(\Gamma_3)} \leqslant C_{\mathcal{T}} \|\xi\|_{Q_1}, \quad \forall \xi \in Q_1 \tag{5.3.7}$$

其中 $C_{\mathcal{T}}$ 依赖于 $\Omega, \Gamma_1, \Gamma_3$ 和 $\mathcal{T}$. 式 (5.3.6) 为初始条件.

为研究由式 (5.3.1) $\sim$ 式 (5.3.6) 定义的力学问题, 我们对算子 $\mathcal{A}$、$\mathcal{B}$、h 及 p 作出如下假设.

$H(\mathcal{A}): \mathcal{A}: \Omega \times I \times \mathcal{S}^d \rightarrow \mathcal{S}^d$ 是使得下列条件成立的算子,

(1) $\|\mathcal{A}(x,t_1,\varepsilon_1) - \mathcal{A}(x,t_2,\varepsilon_2)\|_Q \leqslant L_{\mathcal{A}}\left(|t_1-t_2| + \|\varepsilon_1-\varepsilon_2\|_Q\right)$ 对所有 $t_1,t_2 \in I, \varepsilon_1,\varepsilon_2 \in \mathcal{S}^d, x \in \Omega$, 其中 $L_{\mathcal{A}} > 0$;

(2) $\left((\mathcal{A}(x,t,\varepsilon_1) - \mathcal{A}(x,t,\varepsilon_2)),(\varepsilon_1-\varepsilon_2)\right)_Q \geqslant M\|\varepsilon_1-\varepsilon_2\|_Q^2$ 对所有 $\varepsilon_1,\varepsilon_2 \in \mathcal{S}^d$, a.e. $(x,t) \in \Omega \times I$, 其中 $M > 0$;

(3) 对任意 $\varepsilon \in \mathcal{S}^d, (x,t) \mapsto \mathcal{A}(x,t,\varepsilon)$ 在 $\Omega \times I$ 上可测;

(4) 映射 $(x,t) \mapsto \mathcal{A}(x,t,0) \in L^2\left(\Omega \times \bar{I}\right)^{d\times d}$.

$H(\mathcal{B}): \mathcal{B}: \Omega \times I \times \mathcal{S}^d \rightarrow \mathcal{S}^d$ 是使得下列条件成立的算子,

(1) $\|\mathcal{B}(x,t,\varepsilon_1)-\mathcal{B}(x,t,\varepsilon_2)\|_Q \leqslant L_{\mathcal{B}}\|\varepsilon_1-\varepsilon_2\|_Q$ 对所有 $\varepsilon_1,\varepsilon_2 \in \mathcal{S}^d$, a.e. $(x,t)\in\Omega\times I$, 其中 $L_{\mathcal{B}}>0$;

(2) 对任意 $\varepsilon\in\mathcal{S}^d, (x,t)\mapsto\mathcal{B}(x,t,\varepsilon)$ 在 $\Omega\times I$ 上可测;

(3) 映射 $(x,t)\mapsto\mathcal{B}(x,t,0)\in L^2(\Omega\times\bar{I})^{d\times d}$.

$H\,(h): h:\Omega\times I\times\mathcal{S}^d\to\mathcal{S}^d$ 是使得下列条件成立的算子,

(1) $\|(x,t,\varepsilon_1)-h(x,t,\varepsilon_2)\|_Q \leqslant L_h\|\varepsilon_1-\varepsilon_2\|_Q$ 对所有 $\varepsilon_1,\varepsilon_2\in\mathcal{S}^d$, a.e. $(x,t)\in\Omega\times I$, 其中 $L_4>0$;

(2) 对任意 $\varepsilon\in\mathcal{S}^d, (x,t)\mapsto h(x,t,\varepsilon)$ 在 $\Omega\times I$ 上可测;

(3) 映射 $(x,t)\mapsto h(x,t,0)\in L^2(\Omega\times\bar{I})^{d\times d}$.

$H\,(p): p:\Gamma_3\times\mathcal{R}\to\mathcal{R}_+$ 是使得下列条件成立的算子,

(1) $|p(x,u_1)-p(x,u_2)|\leqslant L_p(|u_1-u_2|)$ 对所有 $u_1,u_2\in\mathcal{R}, x\in\Omega$, 其中 $L_p>0$;

(2) 对任意 $u\in\mathcal{R},\quad x\mapsto p(x,u)$ 在 Ω 上可测;

(3) 映射 $x\mapsto p(x,0)\in L^2(\Gamma_3)$.

假设体力与表面牵引力具有光滑性,

$$f_0\in C(\bar{I};L^2(\Omega)^d),\quad f_1\in C(\bar{I};L^2(\Gamma_2)^d)$$

且摩擦系数 α 满足

$$\alpha\in L^\infty(\Omega),\quad \alpha\geqslant 0\quad \text{a.e. 在 } \Gamma_3 \text{ 上} \tag{5.3.8}$$

记 $f(t)\in V_1$ 定义如下

$$(f(t),v)_V=\int_{\Omega}f_0(t)\cdot v\mathrm{d}x+\int_{\Gamma_2}f_1(t)\cdot v\mathrm{d}a$$

对所有 $v\in V_1, t\in\bar{I}$.

$j:Q\times V_1\to\mathcal{R}$ 有如下定义

$$j\left(\mathcal{T};v\right)=\int_{\Gamma_3}\alpha p\left(\left|\mathcal{T}_{\mathcal{T}_v}\right|\right)\left\|v_{\mathcal{T}}\right\|_V\mathrm{d}a \tag{5.3.9}$$

因为 $\mathcal{T}\sigma_\nu$ 包含在 $L^2(\Gamma)^d$ 中, 由假设条件 $H\left(p\right)$ 和式 (5.3.8), 可得式 (5.3.9) 定义的积分在 $Q\times V_1$ 上是良定义的. 下面我们总假设 $u_0\in V_1$, 并令 $\mathcal{Q}\doteq L^2(Q)$.

当 u 和 σ 为充分正则的满足式 (5.3.1) ~ 式 (5.3.5) 的函数, 我们可得由式 (5.3.1) ~ 式 (5.3.6) 定义的拟定常力学问题的相应变分公式如下.

问题 5.3.1　求位移 $u:\bar{I}\to V_1$ 和应力 $\sigma:\bar{I}\to Q_1$ 使得式 (5.3.1)、式 (5.3.6) 成立且对所有的 $v\in V_1$, a.e. $t\in\bar{I}$, 有

$$\left(\sigma\left(t\right),\varepsilon\left(v-\dot{u}\left(t\right)\right)\right)_Q+j\left(\sigma\left(t\right);v\right)-j\left(\sigma\left(t\right);\dot{u}\left(t\right)\right)\geqslant\left(f\left(t\right),v-\dot{u}\left(t\right)\right)_V \tag{5.3.10}$$

这是一个拟定常积分-微分变分不等式.

为得到问题 5.3.1 的可解性分析, 我们首先考虑如下形式的第二类椭圆变分不等式: 给定 $f\in X$, 求 $u\in V$ 使得对任意 $v\in V_1$, a.e. $t\in\bar{I}$, 有

$$\left(\mathcal{A}\left(t,u\left(t\right)\right),v-u\left(t\right)\right)_V+j\left(v\right)-j\left(u\left(t\right)\right)\geqslant\left(f\left(t\right),v-u\left(t\right)\right)_V \tag{5.3.11}$$

其中算子 $\mathcal{A}: I\times V\to V$ 定义为

$$(\mathcal{A}(t,u(t)),v-u(t))_V=(\mathcal{A}(t,\varepsilon(u(t))),\varepsilon(v-u(t)))_Q$$

引理 5.3.1 (格朗沃尔不等式) 设 $f,g\in C[a,b]$ 满足

$$f(t)\leqslant g(t)+c\int_a^t f(s)\mathrm{d}s,\quad t\in[a,b]$$

其中 $c>0$ 为一常数. 则有

$$f(t)\leqslant g(t)+c\int_a^t g(s)\mathrm{e}^{c(t-s)}\mathrm{d}s,\quad t\in[a,b]$$

进而, 若 g 非减, 则

$$f(t)\leqslant g(t)\mathrm{e}^{c(t-a)},\quad t\in[a,b]$$

5.4 具时滞非局部库仑摩擦接触问题解的存在唯一性

在这一节, 我们给出问题 5.3.1 的存在唯一性结果. 接下来, 我们总假设 $H(\mathcal{A})$、$H(\mathcal{B})$、$H(p)$、$H(h)$ 和式 (5.3.8) 成立.

定理 5.4.1 存在依赖于 $\Omega,\Gamma_1,\Gamma_3,\mathcal{A}$ 和 $\mathcal{T}$ 的常数 $\alpha_0\doteq\dfrac{M}{L_{\mathcal{A}}L_pc_0C_{\mathcal{T}}}>0$ 使得当 $\|\alpha\|_{L^\infty(\Gamma_3)}<\alpha_0$ 时问题 5.3.1 有唯一解 (u,σ). 进而问题的解满足

$$u\in C^1\left(\bar{I};V_1\right),\quad \sigma\in C\left(\bar{I};Q_1\right)\tag{5.4.1}$$

定理 5.4.1 的证明基于不动点分析方法, 我们将其分解为以下几个步骤. 令 $\eta\in\mathcal{Q}_1$ 和 $\xi\in\mathcal{Q}_1$ 任意给定.

考虑如下辅助变分问题.

问题 5.4.1　求速度 $v_{\eta\zeta\xi}:\bar{I}\to V_1$ 与应力 $\sigma_{\eta\zeta\xi}:\bar{I}\to Q_1$ 使得式 (5.3.6) 成立且

$$\begin{aligned}&(\sigma_{\eta\zeta\xi}(t),\varepsilon(v-v_{\eta\zeta\xi}(t)))_Q+j(\xi(t);v)-j(\xi(t);v_{\eta\zeta\xi}(t))\\&\geqslant(f(t),v-v_{\eta\zeta\xi}(t))_V\end{aligned}\tag{5.4.2}$$

对任意 $v\in V_1$ 与几乎处处的 $t\in\bar{I}$ 成立. 其中

$$\sigma_{\eta\zeta\xi}(t)=\mathcal{A}(t,\varepsilon(v_{\eta\zeta\xi}(t)))+\eta(t)+\zeta(t)\tag{5.4.3}$$

引理 5.4.1　问题 5.4.1 存在唯一解 $v_{\eta\zeta\xi}\in C(\bar{I};V_1)$.

证明　令 $t\in\bar{I}$. 由引理 4.3.3 知问题 5.4.1 唯一可解. 设 $v_{\eta\zeta\xi}(t)\in V_1$ 为问题 5.4.1 的唯一解, 下证 $v_{\eta\zeta\xi}(t)\in C(\bar{I},V_1)$.

设 $t_1,t_2\in\bar{I}$. 为简化记号, 我们记 $v_{\eta\zeta\xi}(t_i)=v_i$、$\eta(t_i)=\eta_i$、$\zeta(t_i)=\zeta_i$、$f(t_i)=f_i$ 及 $\xi(t_i)=\xi_i$, 其中 $i=1,2$. 对 $t=t_1,t_2$ 应用式 (5.4.2)、式 (5.3.3), 有

$$\begin{aligned}&(\mathcal{A}(t_1,\varepsilon(v_1)),\varepsilon(v-v_1))_Q+(\eta_1,\varepsilon(v-v_1))_Q+j(\xi_1;v)-j(\xi_1;v_1)\\&\geqslant(f_1,v-v_1)_V\end{aligned}\tag{5.4.4}$$

及

$$\begin{aligned}&(\mathcal{A}(t_2,\varepsilon(v_2)),\varepsilon(v-v_2))_Q+(\eta_2,\varepsilon(v-v_2))_Q+j(\xi_2;v)-j(\xi_2;v_2)\\&\geqslant(f_2,v-v_2)_V\end{aligned}\tag{5.4.5}$$

在式 (5.4.4) 中取 $v = v_2$ 并在式 (5.4.5) 中取 $v = v_1$, 之后两式相加得

$$
\begin{aligned}
&\mathcal{A}(t_1, \varepsilon(v_1)) - \mathcal{A}(t_2, \varepsilon(v_2)), \varepsilon(v_1 - v_2)_Q \\
&\leqslant (\zeta_1 - \zeta_2, \varepsilon(v_2 - v_1))_Q + (\eta_1 - \eta_2, \varepsilon(v_2 - v_1))_Q + (f_1 - f_2, v_1 - v_2)_V \\
&\quad + D(t_1, t_2, \xi_1, \xi_2, v_1, v_2)
\end{aligned} \tag{5.4.6}
$$

其中

$$
D(t_1, t_2, \xi_1, \xi_2, v_1, v_2) = j(\xi_1; v_2) - j(\xi_1; v_1) + j(\xi_2; v_1) - j(\xi_2; v_2)
$$

因此有

$$
\begin{aligned}
&\mathcal{A}(t_1, \varepsilon(v_1)) - \mathcal{A}(t_1, \varepsilon(v_2)), \varepsilon(v_1 - v_2)_Q \\
&\leqslant (\eta_1 - \eta_2, \varepsilon(v_2 - v_1))_Q + \mathcal{A}(t_2, \varepsilon(v_2)) - \mathcal{A}(t_1, \varepsilon(v_2)), \varepsilon(v_1 - v_2)_Q \\
&\quad + (\zeta_1 - \zeta_2, \varepsilon(v_2 - v_1))_Q + D(t_1, t_2, \xi_1, \xi_2, v_1, v_2) + (f_1 - f_2, v_1 - v_2)_V
\end{aligned} \tag{5.4.7}
$$

由关于 $\mathcal{A}$ 的假设 $H(\mathcal{A})$ 成立, 知

$$
\mathcal{A}(t_1, \varepsilon(v_1)) - \mathcal{A}(t_1, \varepsilon(v_2)), \varepsilon(v_1 - v_2)_Q \geqslant M \|v_1 - v_2\|_V^2 \tag{5.4.8}
$$

且

$$
\|\mathcal{A}(t_1, \varepsilon(v_2)) - \mathcal{A}(t_2, \varepsilon(v_2))\|_Q \leqslant L_{\mathcal{A}} |t_1 - t_2| \tag{5.4.9}
$$

构造算子 $\gamma : V \to L^2(\Gamma_3)^d$ 使 $\gamma v = v|_{\Gamma_3}$, 由于 γ 为线性连续算子, 故存在常数 $c_0 > 0$ 使得

$$\|v\|_{L^2(\Gamma_3)^d} \leqslant c_0 \|v\|_V \tag{5.4.10}$$

由式 (5.3.7)、式 (5.3.9)、式 (5.4.10) 和 $H(p)$, 有

$$D(t_1, t_2, \xi_1, \xi_2, v_1, v_2) \leqslant c_1 \|\xi_1 - \xi_2\|_Q \|v_1 - v_2\|_V + \frac{c_1}{C_{\mathcal{T}}} |t_1 - t_2| \|v_1 - v_2\|_V \tag{5.4.11}$$

其中

$$c_1 = \|\alpha\|_{L^\infty(\Gamma_3)} c_0 C_{\mathcal{T}} L_p$$

由式 (5.4.7) ~ 式 (5.4.9) 及式 (5.4.11) 有

$$\|v_1 - v_2\|_V \leqslant \frac{1}{M}\left(\|f_1 - f_2\|_V + \|\eta_1 - \eta_2\|_Q + \|\zeta_1 - \zeta_2\|_Q + c_1 \|\xi_1 - \xi_2\|_Q + \left(L_{\mathcal{A}} + \frac{c_1}{C_{\mathcal{T}}}\right) |t_1 - t_2| \right)$$

这意味着 $v_{\eta\xi} \in C(\bar{I}; V_1)$.

为得到问题 5.3.1 的唯一解, 我们考虑算子 $\Lambda_{\eta\zeta} : C(\bar{I}; Q_1) \to C(\bar{I}; Q_1)$, 其定义如下:

$$\Lambda_{\eta\zeta} = \sigma_{\eta\zeta\xi}, \quad \forall \xi \in C\left(\bar{I}; Q_1\right) \tag{5.4.12}$$

对任意 $\eta, \zeta \in C(\bar{I}; Q)$ 及任意给定的 $\tilde{\xi} \in C(\bar{I}; Q)$, 我们记

$$v_{\eta\zeta} = v_{\eta\zeta\tilde{\xi}}$$

令 $u_{\eta\zeta} : \bar{I} \to V_1$ 定义如下

$$u_{\eta\zeta}(t) = \int_0^t v_{\eta\zeta}(\mathcal{S}) \mathrm{d}\mathcal{S} + u_0, \quad \text{a.e. } t \in \bar{I} \tag{5.4.13}$$

引理 5.4.2　若 $\|\alpha\|_{L^\infty(\Gamma_3)} < \alpha_0$, 则对任意 $\eta, \zeta \in C(\bar{I}; \mathcal{Q}_1)$, 算子 $\Lambda_{\eta\zeta}$ 有唯一不动点 $\xi_{\eta\zeta} \in C(\bar{I}; \mathcal{Q}_1)$.

证明 对任意 $\eta, \zeta \in C(\bar{I}; \mathcal{Q})$ 和 $\xi_1, \xi_2 \in C(\bar{I}; \mathcal{Q}_1)$, 记 $v_i = v_{\eta\zeta\xi_i}$ 为问题 5.4.1 关于 $\xi = \xi_i\ (i = 1, 2)$ 的解. 记 $\sigma_{\eta\zeta\xi_i} = \sigma_i$. 应用证明式 (5.4.6) 所用的类似方法, 可得

$$(\sigma_1(t) - \sigma_2(t), \varepsilon(v_1(t) - v_2(t)))_{\mathcal{Q}} \leqslant D(t; \xi_1, \xi_2, v_1, v_2), \quad \text{a.e. } t \in \bar{I}$$

其中

$$\begin{aligned} D(t; \xi_1, \xi_2, v_1, v_2) &= j(\xi_1(t); v_2(t)) - j(\xi_1(t); v_1(t)) \\ &\quad + j(\xi_2(t); v_1(t)) - j(\xi_2(t); v_2(t)) \end{aligned}$$

由式 (5.4.3) 和 $H(\mathcal{A})$,

$$(\sigma_1(t) - \sigma_2(t), \varepsilon(v_1(t) - v_2(t)))_{\mathcal{Q}} \geqslant M \|v_1(t) - v_2(t)\|_V^2, \quad \text{a.e. } t \in \bar{I} \tag{5.4.14}$$

应用式 (5.3.7)、式 (5.3.9)、式 (5.4.10) 和 $H(p)$ 有

$$D(t; \xi_1, \xi_2, v_1, v_2) \leqslant c_1 \|\xi_1(t) - \xi_2(t)\|_{\mathcal{Q}} \|v_1(t) - v_2(t)\|_V, \quad \text{a.e. } t \in \bar{I} \tag{5.4.15}$$

由式 (5.4.14) 和式 (5.4.15) 得

$$\|v_1(t) - v_2(t)\| \leqslant \frac{c_1}{M} \|\xi_1(t) - \xi_2(t)\|_{\mathcal{Q}}, \quad \text{a.e. } t \in \bar{I}$$

故对 a.e. $t \in \bar{I}$ 有

$$\|\Lambda_{\eta\zeta}\xi_1(t) - \Lambda_{\eta\zeta}\xi_2(t)\|_{\mathcal{Q}} = \|\sigma_1(t) - \sigma_2(t)\|_{\mathcal{Q}} \leqslant c_2 \|\xi_1(t) - \xi_2(t)\|_{\mathcal{Q}} \tag{5.4.16}$$

其中 $c_2 = \dfrac{c_1 L_A}{M}$. 由于 $\|\alpha\|_{L^\infty(\Gamma_3)} < \alpha_0$, 算子 $\Lambda_{\eta\zeta}$ 在 $C(\bar{I}; \mathcal{Q}_1)$ 上压缩. 因此, 算子 $\Lambda_{\eta\zeta}$ 有唯一不动点 $\xi_{\eta\zeta} \in C(\bar{I}; \mathcal{Q}_1)$.

对任意 $\eta \in \mathcal{Q}_1$ 及任意给定的 $\zeta \in \mathcal{Q}_1$, 记

$$v_\eta = v_{\eta\zeta\xi_{\eta\zeta}} \tag{5.4.17}$$

由 $\Lambda_{\eta\zeta}\xi_{\eta\zeta} = \xi_{\eta\zeta}$ 和式 (5.4.12), 有

$$\sigma_{\eta\zeta\xi_{\eta\zeta}} = \xi_{\eta\zeta} \tag{5.4.18}$$

对任意 $\eta \in \mathcal{Q}_1$, 令 $u_\eta : \bar{I} \to V_1$ 定义如下:

$$u_\eta(t) = \int_t^0 v_\eta(s)\mathrm{d}s + u_0, \quad \text{a.e. } t \in \bar{I} \tag{5.4.19}$$

此外, 我们定义算子 $\Lambda_\zeta : \mathcal{Q}_1 \to \mathcal{Q}_1$ 形如

$$\Lambda_\zeta \eta(t) = \mathcal{B}(t, \varepsilon(u_\eta(t))), \quad \forall \eta \in \mathcal{Q}_1, \quad \text{a.e. } t \in \bar{I} \tag{5.4.20}$$

引理 5.4.3　若 $\|\alpha\|_{L^\infty(\Gamma_3)} < \alpha_0$, 则算子 Λ_ζ 有唯一不动点 $\eta^* \in \mathcal{Q}_1$.

证明　对任意 $\eta_1, \eta_2 \in \mathcal{Q}_1$, 令 $u_i = u_{\eta i}$、$\xi_{\eta i\zeta} = \xi_i$、$v_i = v_{\eta i}$ 且 $\sigma_{\eta i\zeta\xi_{\eta i\zeta}} = \sigma_i$, 其中 $i = 1, 2$. 应用式 (5.4.1) 和类似于证明式 (5.4.6) 所用的方法, 可知对 a.e. $t \in \bar{I}$, 有

$$M\|v_1(t) - v_2(t)\|_V \leqslant (1 + c_1)\|\eta_1(t) - \eta_2(t)\|_{\mathcal{Q}} + c_1 L_A \|v_1(t) - v_2(t)\|_V$$

因而

$$\|v_1(t) - v_2(t)\|_V \leqslant c_3 \|\eta_1(t) - \eta_2(t)\|_{\mathcal{Q}}, \quad \text{a.e. } t \in \bar{I} \tag{5.4.21}$$

其中 $c_3 = \dfrac{1+c_1}{M - c_1 L_A}$.

对定义 (5.4.20) 的算子 Λ_ζ, 由式 (5.4.19)、式 (5.4.21) 和 $H(\mathcal{B})$ 有

$$\begin{aligned}\|\Lambda_{\eta\zeta}\xi_1(t) - \Lambda_{\eta\zeta}\xi_2(t)\|_{\mathcal{Q}}^2 &= \|\mathcal{B}(t, \varepsilon(u_1(t))) - \mathcal{B}(t, \varepsilon(u_2(t)))\|_{\mathcal{Q}}^2 \\ &\leqslant (L_{\mathcal{B}} \|u_1(t) - u_2(t)\|_V)^2 \\ &\leqslant c_4 \int_0^t \|\eta_1(s) - \eta_2(s)\|_{\mathcal{Q}}^2 \mathrm{d}s, \quad \text{a.e. } t \in \bar{I}\end{aligned} \tag{5.4.22}$$

其中 $c_4 = c_2^3 L_{\mathcal{B}}^2$. 迭代 p 次, 得

$$\|\Lambda_{\eta\zeta}\xi_1(t) - \Lambda_{\eta\zeta}\xi_2(t)\|_{\mathcal{Q}}^2 \leqslant \frac{c_4^p t^{p-1}}{(p-1)!} \int_0^t \|\eta_1(s) - \eta_2(s)\|_{\mathcal{Q}}^2 \mathrm{d}s, \quad \text{a.e. } t \in \bar{I}$$

故有

$$\|\Lambda_{\eta\zeta}\xi_1(t) - \Lambda_{\eta\zeta}\xi_2(t)\|_{\mathcal{Q}_1} \leqslant \frac{c_4^p T^p}{p!} \|\eta_1(s) - \eta_2(s)\|_{\mathcal{Q}_1} \tag{5.4.23}$$

由于 $\lim\limits_{p\to\infty} \dfrac{c_4^p T^p}{p!} = 0$, 式 (5.4.23) 表明对充分大的 p, Λ_ζ^p 为压缩的. 于是由巴拿赫不动点定理知, 存在唯一的 $\eta^* \in V_1$ 使得 $\Lambda_\zeta^p \eta^* = \eta^*$. 显然 $\Lambda_\zeta^p(\Lambda_\zeta \eta^*) = \Lambda_\zeta(\Lambda_\zeta^p \eta^*) = \Lambda_\zeta \eta^*$, 故 $\Lambda_\zeta \eta^*$ 也是 Λ_ζ^p 的一个不动点. 进而

$$\Lambda_\zeta \eta^* = \eta^* \tag{5.4.24}$$

这表明 η^* 为 Λ_ζ 的一个不动点. Λ_ζ 不动点的唯一性结果直接由 Λ_ζ^p 不动点的唯一性得证.

对任意 $\zeta \in \mathcal{Q}_1$, 记

$$v_\zeta = v_{\eta^*\zeta\xi_{\eta^*\zeta}} \tag{5.4.25}$$

对 η^*, 由式 (5.4.12) 及引理 5.4.2 有

$$\sigma_{\eta^*\zeta\xi_{\eta^*\zeta}} = \xi_{\eta^*\zeta} \tag{5.4.26}$$

对任意 $\zeta \in \mathcal{Q}_1$, 设 $u_\zeta : \bar{I} \to V_1$ 定义如下

$$u_\zeta(t) = \int_0^t u_\zeta(s)\mathrm{d}s + u_0, \quad \text{a.e. } t \in \bar{I} \tag{5.4.27}$$

此外定义算子 $\Lambda : \mathcal{Q}_1 \to \mathcal{Q}_1$

$$\Lambda\zeta(t) = \mathcal{G}h(t, \varepsilon(u_\zeta)), \quad \forall \zeta \in \mathcal{Q}_1, \text{a.e. } t \in \bar{I} \tag{5.4.28}$$

引理 5.4.4　若 $\|\alpha\|_{L^\infty(\Gamma_3)} < \alpha_0$, 则算子 Λ 有唯一不动点 $\zeta^* \in \mathcal{Q}_1$.

证明　对任意 $\zeta_1, \zeta_2 \in \mathcal{Q}_1$, 记 $u_i = u_{\zeta_i}, \xi_{\eta^*\zeta_i} = \xi_i, v_i = v_{\zeta_i}, \sigma_{\eta^*\zeta\xi_{\eta^*\zeta_i}} = \sigma_i$, 其中 $i = 1, 2$. 应用式 (5.4.1) 和类似于式 (5.4.21) 的证明方法, 得

$$\|v_1(t) - v_2(t)\|_V \leqslant c_3 \|\zeta_1(t) - \zeta_2(t)\|_{\mathcal{Q}}, \quad \text{a.e. } t \in \bar{I} \tag{5.4.29}$$

对如式 (5.4.28) 定义的算子 Λ, 由式 (5.4.27)、式 (5.4.29) 和 $H(h)$ 有

$$\begin{aligned}
\|\Lambda\zeta_1(t) - \Lambda\zeta_2(t)\|_Q^2 &= \left\| \int_{-r}^0 \left[h\left(t+\theta, \varepsilon(\tilde{u}_1)\right) - h\left(t+\theta, \varepsilon(\tilde{u}_2)\right) \right] \right\|_Q^2 \\
&\leqslant \left(L_h \left|\mu\right| \left([-r, 0]\right) \|\tilde{u}_1 - \tilde{u}_2\|_V \right)^2 \\
&\leqslant c_5 \int_0^{t'} \|\zeta_1(s) - \zeta_2(s)\|_Q^2 \mathrm{d}s, \quad \text{a.e. } t \in \bar{I}
\end{aligned} \tag{5.4.30}$$

其中 $c_5 = (c_3 L_h |\mu| ([-r, 0]))^2$. 由类似于式 (5.4.24) 的讨论, 有

$$\Lambda\zeta^* = \zeta^* \tag{5.4.31}$$

易知 Λ 有唯一不动点 ζ^*.

下证定理 5.4.1.

证明 令 $\eta^* \in \mathcal{Q}_1$ 为 Λ_ζ 的不动点且 $\zeta^* \in \mathcal{Q}_1$ 为 Λ 的不动点. 令 $u_{\eta^*\zeta^*} \in C^1(\bar{I};Q)$ 为对 $\eta = \eta^*$, $\zeta = \zeta^*$, 式 (5.4.13) 所定义的函数. 由 $\dot{u}_{\eta^*\zeta^*} = v_{\eta^*\zeta^*}$ 知

$$
\begin{aligned}
&(\mathcal{A}(t,\varepsilon(v_{\eta^*\zeta^*}(t))),\varepsilon(v - v_{\eta^*\zeta^*}(t)))_Q + (\eta^*(t),\varepsilon(v - v_{\eta^*\zeta^*}(t)))_Q \\
&\quad + (\zeta^*(t),\varepsilon(v - v_{\eta^*\zeta^*}(t)))_Q + j(\xi_{\eta^*\zeta^*}(t);v) - j(\xi_{\eta^*\zeta^*}(t);v_{\eta^*\zeta^*}(t)) \\
&\geqslant (f(t), v - v_{\eta^*\zeta^*}(t))_V \quad \forall v \in V_1, \quad \text{a.e. } t \in \bar{I}
\end{aligned} \tag{5.4.32}
$$

由式 (5.4.12)、式 (5.4.20) 和式 (5.4.28) 可得不等式 (5.3.10).

进而, 由式 (5.4.13) 知 $u_{\eta^*\zeta^*}(0) = u_0$, 故得 $u_{\eta^*\zeta^*}$ 为问题 5.3.1 的一个解.

令 $u_1, u_2 \in C(\bar{I};V_1)$ 为问题 5.3.1 的两个解. 令 $v_i = \dot{u}_i$ 且 $\sigma_i(t) = \mathcal{A}(t,\varepsilon(\dot{u}_i(t))) + \mathcal{B}(t,\varepsilon(u_i(t))) + \mathcal{G}h(t,\varepsilon(u_i))$.

故对 $i = 1, 2$, 有

$$
u_i(t) = \int_0^t v_i(s)\mathrm{d}s + u_0 \quad \text{a.e. } t \in \bar{I} \tag{5.4.33}
$$

对几乎处处的 $t \in \bar{I}$, 利用类似证明式 (5.4.6) 的方法, 得

$$
\begin{aligned}
&(\mathcal{A}(t,\varepsilon(v_1(t))) - \mathcal{A}(t,\varepsilon(v_2(t))),\varepsilon(v_1(t) - v_2(t)))_Q \\
&\leqslant (\mathcal{B}(t,\varepsilon(u_1(t))) - \mathcal{B}(t,\varepsilon(u_2(t))),\varepsilon(v_2(t) - v_1(t)))_Q + D(t;v_1,v_2) \\
&\quad + (\mathcal{G}(t,\varepsilon(u_1(t))) - \mathcal{G}(t,\varepsilon(u_2(t))),\varepsilon(v_2(t) - v_1(t)))_Q
\end{aligned} \tag{5.4.34}
$$

其中

$$D(t;v_1,v_2)=j(\sigma_1(t);v_2(t))-j(\sigma_1(t);v_1(t))+j(\sigma_2(t);v_1(t))-j(\sigma_2(t);v_2(t))$$

由式 (5.3.8)、式 (5.3.9)、式 (5.4.10) 和 $H(p)$, 知对几乎处处的 $t\in\bar{I}$, 有

$$D(t;v_1,v_2)\leqslant c_1\|\sigma_1(t)-\sigma_2(t)\|_Q\|v_1(t)-v_2(t)\|_V \tag{5.4.35}$$

故由假设 $H(\mathcal{A})$、$H(\mathcal{B})$、$H(h)$ 和式 (5.4.13) 及式 (5.4.35), 有

$$\|v_1(t)-v_2(t)\|_v\leqslant c_6\int_0^t\|v_1(s)-v_2(s)\|_V\mathrm{d}s,\quad \text{a.e. } t\in\bar{I} \tag{5.4.36}$$

其中 $c_6=\dfrac{(1+c_1)\left(L_{\mathcal{B}}+L_h|\mu|([-r,0])\right)}{M-c_1L_{\mathcal{A}}}$.

应用格朗沃尔不等式知, 式 (5.4.36) 表明 $v_1=v_2$. 由式 (5.4.13) 有 $u_1=u_2$. 若 $\|\alpha\|_{L^\infty(\Gamma_3)}<\alpha_0$, 则 (u,σ) 存在, 其中 $u=u_{\eta^*\zeta^*}$, $\sigma=\sigma_{\eta^*\zeta^*\xi_{\eta^*\zeta^*}}$ 为问题 5.3.1 满足正则条件的唯一解.

注记 5.4.1 当 $\mathcal{G}=0$ 且黏性算子 $\mathcal{A}$ 和弹性算子 $\mathcal{B}$ 均为隐式时间依赖时, 定理 5.4.1 退化为文献 [25] 中的定理 13.3. 另外, 定理 5.4.1 为文献 [43] 中定理 3.1 的推广.

5.5　变分公式的对偶问题

上节通过构造摩擦接触问题得到了一个关于位移的拟定常变分不等式问题, 并证明得到了相应摩擦接触问题的弱解. 但在实际使用时, 人们对接触应力及应力分布的兴趣远远大于对位移.

因而, 直接导出并分析关于应力的摩擦接触问题的变分公式是有意义的, 即构造关于式 (5.4.6) 和式 (5.3.10) 的所谓对偶变分公式有益于更

好地分析认识摩擦接触问题. 为达到这一目的, 下面我们通过引入容许应力集 $\Sigma(t,\tau)$ 的定义, 将上一节的结果用来研究拟定常变分问题的对偶问题.

首先我们证明之前的变分不等式与本节将要建立的对偶变分公式具有等价性, 这样由定理 5.4.1 即可得到对偶问题解的存在唯一性结论.

对 $\tau \in Q$ 和 a.e. $t \in \bar{I}$, 定义容许应力集 $\Sigma(t,\tau)$,

$$\Sigma(t,\tau) = \{\xi \in Q | (\xi, \varepsilon(v))_Q + j(\tau; v) \geqslant (f(t), v)_V, \quad \forall v \in V_1\} \tag{5.5.1}$$

在式 (5.3.10) 中分别令 $v = 2\dot{u}(t)$ 和 $v = 0$, 然后将两个不等式相加, 得

$$(\sigma(t), \varepsilon(\dot{u}(t)))_Q + j(\sigma(t); \dot{u}(t)) = (f(t), \dot{u}(t))_V, \qquad \text{a.e. } t \in \bar{I} \tag{5.5.2}$$

这意味着, 对 a.e. $t \in \bar{I}$ 有

$$\sigma(t) \in \Sigma(t, \sigma(t)), \quad (\tau - \sigma(t), \varepsilon(\dot{u}(t)))_Q \geqslant 0, \quad \forall \tau \in \Sigma(t, \sigma(t)) \tag{5.5.3}$$

由式 (5.3.1)、式 (5.3.6) 和式 (5.5.3) 可导出如下对偶变分公式.

问题 5.5.1　求位移 $u : \bar{I} \to V_1$ 和应力 $\sigma : \bar{I} \to Q_1$ 使得式 (5.3.1)、式 (5.3.6) 成立且对 a.e. $t \in \bar{I}$

$$\sigma(t) \in \Sigma(t, \sigma(t)), \quad (\tau - \sigma(t), \varepsilon(\dot{u}(t)))_Q \geqslant 0, \quad \forall \tau \in \Sigma(t, \sigma(t)) \tag{5.5.4}$$

下证原变分不等式 (问题 5.3.1) 与对偶变分公式 (问题 5.5.1) 等价.

定理 5.5.1　设条件 $H(\mathcal{A})$、$H(\mathcal{B})$、$H(h)$、$H(p)$ 和式 (5.3.9) 成立, (u, σ) 满足式 (5.4.1), 则 (u, σ) 为问题 5.3.1 的一个解等价于 (u, σ) 为问题 5.5.1 的一个解.

证明　设 $(u,\sigma)\in C^1(\bar{I};V\times Q_1)$. 我们仅需验证式 (5.3.10) 与式 (5.5.4) 间的等价性.

(1) 式 (5.3.10)⇒ 式 (5.5.4). 在式 (5.3.10) 中分别取 $v=2\dot{u}(t)$ 和 $v=0$, 得式 (5.5.2) 成立. 由式 (5.3.10) 和式 (5.5.2) 有

$$(\sigma(t),\varepsilon(v))_Q+j(\sigma(t);v)\geqslant(f(t),v)_V,\qquad\forall v\in V_1,\quad\text{a.e. }t\in\bar{I}$$

这表明 $\sigma(t)\in\Sigma(t,\sigma(t))$. 令 $\tau\in\Sigma(t,\tau(t))$, 则有

$$(\tau,\varepsilon(\dot{u}(t)))_Q+j(\sigma(t);\dot{u}(t))\geqslant(f(t),\dot{u}(t))_V,\quad\text{a.e. }t\in\bar{I}\tag{5.5.5}$$

用式 (5.5.5) 减去式 (5.5.2), 得

$$(\tau-\sigma(t),\varepsilon(\dot{u}(t)))_Q\geqslant 0,\quad\forall\tau\in\Sigma(t,\sigma(t)),\quad\text{a.e. }t\in\bar{I}$$

即式 (5.5.4) 成立.

(2) 式 (5.5.4)⇒ 式 (5.3.10). 算子 $j(\sigma(t);\cdot):V\to\mathcal{R}$ 的次可微性表明存在 $\tilde{f}(t)\in V$ 使得

$$j(\sigma(t);v)-j(\sigma(t);\dot{u}(t))\geqslant(\tilde{f}(t),v-\dot{u}(t))_V,\quad\forall v\in V_1,\quad\text{a.e. }t\in\bar{I}$$

于是有

$$\begin{aligned}&(f(t)-\tilde{f}(t),v-\dot{u}(t))_V+j(\sigma(t);v)-j(\sigma(t);\dot{u}(t))\\&\geqslant(f(t),v-\dot{u}(t))_V,\forall v\in V_1,\quad\text{a.e. }t\in\bar{I}\end{aligned}\tag{5.5.6}$$

在式 (5.5.6) 中分别取 $v=2\dot{u}(t)$ 和 $v=0$, 有

$$(f(t)-\tilde{f}(t),\dot{u}(t))_V+j(\sigma(t);\dot{u}(t))=(f(t),\dot{u}(t))_V,\quad\text{a.e. }t\in\bar{I}\tag{5.5.7}$$

即得

$\varepsilon(f(t)-\tilde{f}(t)) \in \Sigma(t,\sigma(t))$. 由式 (5.2.1)、式 (5.5.4) 和式 (5.5.7) 有

$$(f(t)-\tilde{f}(t),\dot{u}(t))_V \geqslant (\sigma(t),\varepsilon(\dot{u}(t)))_Q, \quad \text{a.e. } t\in\bar{I} \tag{5.5.8}$$

在式 (5.5.8) 中加入 $j(\sigma(t);\dot{u}(t))$, 并结合式 (5.5.7), 得

$$(f(t),\dot{u}(t))_V \geqslant (\sigma(t),\varepsilon(\dot{u}(t)))_Q + j(\sigma(t);\dot{u}(t)), \quad \text{a.e. } t\in\bar{I} \tag{5.5.9}$$

可以注意到 $\sigma(t)\in\Sigma(t,\sigma(t))$ 和 $\dot{u}(t)\in V$, 故有

$$(\sigma(t),\varepsilon(\dot{u}(t)))_Q + j(\sigma(t);\dot{u}(t)) \geqslant (f(t),\dot{u}(t))_V, \quad \text{a.e. } t\in\bar{I} \tag{5.5.10}$$

且

$$(\sigma(t),\varepsilon(v))_Q + j(\sigma(t);v) \geqslant (f(t),v)_V, \quad \forall v\in V_1, \quad \text{a.e. } t\in\bar{I} \tag{5.5.11}$$

故由式 (5.5.9)～式 (5.5.11) 知式 (5.3.10) 成立.

推论 5.5.1　设条件 $H(\mathcal{A})$、$H(\mathcal{B})$、$H(h)$、$H(p)$ 和式 (4.3.9) 成立且 $\alpha_0>0$ 为定理 5.4.1 中所取系数. 若 $\|\alpha\|_{L^\infty(\Gamma_3)}<\alpha_0$, 则问题 5.5.1 有满足式 (5.4.1) 的唯一解 (u,σ).

第 6 章　非光滑非凸分析基础

本章介绍非光滑非凸分析中常用的两个工具: 近似法线和近似次微分. 近似法线是从集合向外指向的方向向量, 通过将一个点投影到集合上生成. 近似次梯度对函数的上图具有一定的局部支撑性. 将函数转化为集合 (通过它的上图) 处理是一种常用的方法, 在非凸集中通过工具的更新, 运用近似法线与近似次微分的相互关系可建立非凸函数与非凸集间的关联. 使用一些重要函数, 如凸函数、利普希茨函数、指示函数和距离函数, 可构建非光滑非凸分析的新体系.

6.1　邻近点和近似法线

设 X 是一个希尔伯特空间, S 是 X 的非空子集, 令点 x 不属于 S, 进一步假设存在 S 中的一点 s, 使得 s 到 x 的距离最小, 则 s 称为最近点或 x 在 S 上的投影. 所有这些邻近点的集合用 $\mathrm{proj}_S(x)$ 表示. 显然有 $s \in \mathrm{proj}_S(x)$, 当且仅当 $\{s\} \subset S \cap \bar{B}(x; \|x-s\|)$ 及 $S \cap B(x; \|x-s\|) = \varnothing$ 成立, 见图 6.1.

向量 $x-s$ 决定了在点 s 处接近 S 的近似法线方向; 任意的非负向量 $\zeta = t(x-s), t \geqslant 0$, 被称为在点 s 的 S 中的近似法线 (或 P-法线). 所有的 ζ 所构成的集合称为 S 中在点 s 的近似法锥, 用 $N_S^P(s)$ 表示; 显

然 $N_S^P(s)$ 是一个锥, 即非负标量倍数下的一个闭集. 直观地说, 在给定点上的近似法向量定义了该点处从集合垂直偏离的方向.

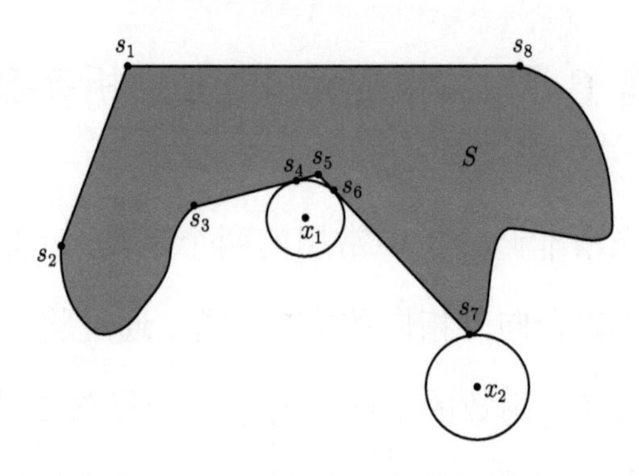

图 6.1 集合 S 和它的一些邻近点

设 $s \in S$, 对所有不在 S 中的点 x 有 $s \notin \text{proj}_S(x)$, 则 $N_S^P(s) = \{0\}$. 当 $s \notin S$, $N_S^P(s)$ 没有意义. 在图 6.1 中, 点 s_3 和 s_5 的近似法锥等于 $\{0\}$, 且点 s_1, s_2, s_7 和 s_8 的近似法锥中至少有两个独立的向量. S 的其余边界点 s_4 和 s_6 的近似法锥由单一的非零向量所生成.

注意, 上面的结论并没有断言点 x 在 S 中必有邻近点 s. 在有限维空间中, 当 S 是闭集时, 很容易保证投影的存在. 但在无穷维空间中邻近点的存在问题要微妙许多 (如图 6.2 中 x_1 和 x_2 在 S 中的邻近点情况), 这也是以下内容中所要介绍的重点.

对于所有的 $t \in [0,1]$, 有 $s \in \text{proj}_S(s+t(x-s))$. 汇总可得如下命题:

命题 6.1.1 设 S 是 X 的非空子集, 且 $x \in X, s \in S$, 则有以下等价条件

(1) $s \in \text{proj}_S(x)$;

(2) $s \in \text{proj}_S(s + t(x - s)), \forall t \in [0,1]$;

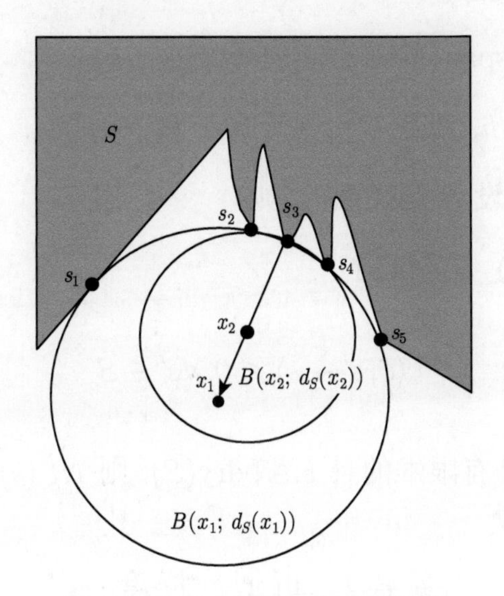

图 6.2　点 x_1 和它的五个投影

(3) $d_S(s+t(x-s)) = t\|x-s\|, \forall t \in [0,1]$;

(4) $\langle x-s, s'-s\rangle \leqslant \dfrac{1}{2}\|s'-s\|^2, \forall s' \in S$.

命题 6.1.2

(1) 一个向量 ζ 属于 $N_S^P(s)$ 当且仅当存在 $\sigma = \sigma(\zeta, s) \geqslant 0$, 使得

$$\langle \zeta, s'-s\rangle \leqslant \sigma\|s'-s\|^2, \forall s' \in S$$

(2) 对于任意给定的 $\delta > 0$, 我们有 $\zeta \in N_S^P(s)$ 当且仅当存在 $\sigma = \sigma(\zeta, s) \geqslant 0$, 使得

$$\langle \zeta, s'-s\rangle \leqslant \sigma\|s'-s\|^2, \forall s' \in S \cap B(s;\delta)$$

命题 6.1.3　设 $s \in S$, 其中 $S = \{x \in \mathbb{R}^n : h_i(x) = 0, i = 1,2,\cdots,k\}$, 其中 $h_i : \mathbb{R}^n \to \mathbb{R}$ 是 C^1, 且假设向量 $\{\nabla h_i(s)\}\,(i = 1,2,\cdots,k)$ 是线性无关的, 则:

(1) $N_S^P(s) \subseteq \mathrm{span}\{\nabla h_i(s)\}(i=1,2,\cdots,k)$.

(2) 如果每个 h_i 都是 C^2, 则等式在 (1) 中成立.

命题 6.1.4 设 S 是闭凸的, 则:

(1) $\zeta \in N_S^P(s)$ 当且仅当

$$\langle \zeta, s'-s\rangle \leqslant 0, \forall s' \in S$$

(2) 如果 X 是有限维的且 $s \in \mathrm{bdry}(S)$, 则 $N_S^P(s) \neq \{0\}$.

6.2 近似次梯度

回顾积分和优化理论中的一些常用符号: 为了找出 f 不为 ∞ 的点, 我们定义 (有效) 域为集合 $\mathrm{dom}f := \{x \in X : f(x) < \infty\}$

进而给出了 f 的图和上图:

$$\mathrm{gr}f := \{(x, f(x)) : x \in \mathrm{dom}f\}$$

$$\mathrm{epi}f := \{(x,r) \in \mathrm{dom}f \times \mathbb{R} : r \geqslant f(x)\}$$

函数 $f : X \to (-\infty, +\infty]$ 在点 x 处是下半连续的, 若

$$\lim_{x' \to x} \inf f(x') \geqslant f(x)$$

这个条件显然等价于: 对于任意的 $\varepsilon > 0$, 存在 $\delta > 0$, 使得 $y \in B(x;\delta)$ 意味着 $f(y) \geqslant f(x) - \varepsilon$. 而通常, 当 $r \in \mathbb{R}$ 时, $\infty - r$ 被解释为 ∞.

与下半连续形成互补的是上半连续, 即若 $-f$ 在点 x 处是下半连续的, 则 f 在点 x 处是上半连续的.

按照习惯, 我们称函数 f 在 $x \in X$ 处是连续的, 若它在 x 附近是有限的; 并且对于任意的 $\varepsilon > 0$, 存在 $\delta > 0$, 使得 $y \in B(x;\delta)$ 表示 $|f(x) - f(y)| \leqslant \varepsilon$. 对于有限值 f, 这相当于说 f 在 x 处是上半连续且下半连续的. 如果 f 在开集 $U \subset X$ 的每一点 x 处都是下半连续的 (上半连续的, 连续的), 则 f 在 U 上称为下半连续的 (上半连续的, 连续的).

为了不让某些病态函数进入讨论, 我们用 $\mathcal{F}(U)(U \subseteq X$ 是开集) 表示在 U 上下半连续且满足 $\mathrm{dom}f \cap U \neq \varnothing$ 的所有函数 $f : X \to (-\infty, +\infty]$ 的类. 如果 $U = X$, 我们将 $\mathcal{F}(X)$ 简记为 $\mathcal{F}$.

设 S 是 X 的子集, 其中 S 的指示函数, 记为 $I_S(\cdot)$ 或 $I(\cdot; S)$.

$$I_S(x) := \begin{cases} 0, & \text{若} x \in S \\ +\infty, & \text{其他} \end{cases}$$

设 $U \subset X$ 为开凸集. 给定函数 $f : X \to (-\infty, +\infty]$ 在 U 上为凸函数.

$$f(tx + (1-t)y) \leqslant tf(x) + (1-t)f(y), \quad \forall x, y \in U, 0 < t < 1$$

假如一个函数 f 在 X 上是凸的, 我们就简单地说它是凸的. 注意, 如果 f 是凸的, $\mathrm{dom}f$ 必然是凸集.

向量 $\zeta \in X$ 称为下半连续函数 f 在 $x \in \mathrm{dom}f$ 处的近似次梯度 (或 P-次梯度), 条件是

$$(\zeta, -1) \in N^P_{\mathrm{epi}f}(x, f(x))$$

所有这些 ζ 的集合被记为 $\partial_P f(x)$, 并称为近似次微分或 P-次微分. 注意, 因为涉及锥, 所以如果 $\alpha > 0$ 且 $(\zeta, -\alpha) \in N^P_{\mathrm{epi}f}(x, f(x))$, 那么

$\zeta/\alpha \in \partial_P f(x)$. 从我们对近似法锥的研究中, 也可以立即得出 $\partial_P f(x)$ 是凸的, 但不一定是开、闭或非空的. 如函数 $f(x) = -|x|$ 即为一个连续但 $\partial_P f(0) = \varnothing$ 的例子.

图 6.3 展示了函数 f 的上图以及一些点处——形如 $(\zeta, -1), \zeta \in \partial_P f(x)$ 的向量. 在 x_1 处存在一个近似次梯度, 在 x_2 处无近似次梯度, 而在剩下的三个标记点 x_3, x_4, x_5 上均有多个近似次梯度. 特别地, 在 x_4 处, 近似次微分是一个无界集.

指示函数是应用集合和函数间关系研究相关问题的几种方式之一. 集合 S 上 f 的极小化问题等价于函数 $f + I_S$ 的全局极小化问题.

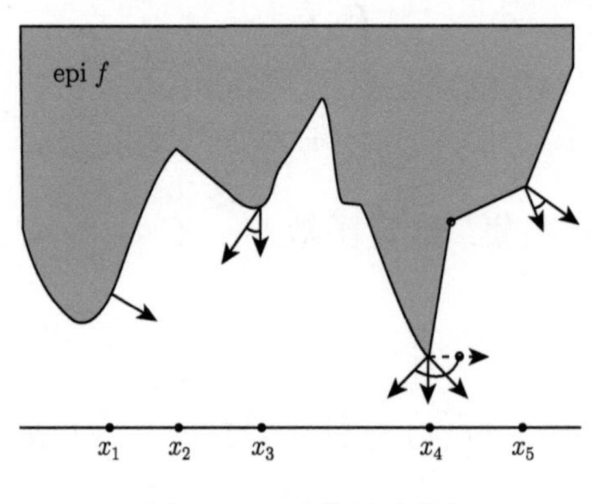

图 6.3　函数的上图

在进一步讨论近似次梯度的性质之前, 我们先回顾一些相关经典导数的结论. f 在 $x \in \mathrm{dom} f, v \in X$ 方向上的方向导数定义为

$$f'(x; v) := \lim_{t \downarrow 0} \frac{f(x + tv) - f(x)}{t} \tag{6.2.1}$$

若式 (6.2.1) 中的极限对于所有 $v \in X$ 均存在, 并且存在一个 (唯一的) 元素 $f'_G(x) \in X$(称为 Gâteaux 导数) 满足

$$f'(x;v) = \langle f'_G(x), v \rangle, \quad \forall v \in X \tag{6.2.2}$$

一个函数在 x 处的每个方向上都可定义方向导数, 但它不一定是 Gâteaux 可微的. 如 $f(x) = \|x\|$ 在 $x = 0$ 处有 $f'(0;v) = \| v \|$, 但 f 不 Gâteaux 可微. 此外, 一个下半连续函数在点 x 处可以不连续但具有 Gâteaux 导数.

设式 (6.2.2) 在 x 点成立, 且 (1) 在 X 的有界子集中对于 v 是一致收敛的, 则称 f 在 x 点是 Fréchet 可微的, 记为 $f'(x)$ (Fréchet 导数). 等价地, 这意味着对于所有的 $r > 0$ 和 $\varepsilon > 0$, 都存在 $\delta > 0$, 满足

$$\left| \frac{f(x+tv) - f(x)}{t} - \langle f'(x), v \rangle \right| < \varepsilon$$

对所有 $|t| < \delta$ 和 $\|v\| \leqslant r$ 成立.

即使在有限维空间中这两个可微概念也不相等. 易证函数在 x 处的 Fréchet 可微性意味着在 x 处的连续性, 而对于 Gâteaux 可微性则不一定.

在多元微积分中遇到的导数的许多基本性质 (即当 $X = \mathbb{R}^n$ 时) 都可以使用 Fréchet 或 Gâteaux 导数进行类比, 其中 f' 或 f'_G 取代了通常的梯度 ∇f. 设 $f, g : X \to \mathbb{R}$ 在 $x \in X$ 处有 Fréchet 导数, 那么 $f \pm g, fg$ 和 $f/g(g(x) \neq 0)$ 在 X 处均有 Fréchet 导数, 且符合经典规则:

$$(f \pm g)'(x) = f'(x) \pm g'(x)$$

$$(fg)'(x) = f'(x)g(x) + f(x)g'(x)$$

$$\left(\frac{f}{g}\right)'(x) = \left(\frac{f'(x)g(x) - f(x)g'(x)}{g^2(x)}\right)$$

同理, 有如下的中值定理, 假设 $f \in \mathcal{F}(X)$ 在包含线段 $[x,y] := \{tx+(1-t)y : 0 \leqslant t \leqslant 1\}$ 的开邻域上是 Gâteaux 可微的, 其中 $x, y \in X$, 则存在一点 $z := tx + (1-t)y$, $0 < t < 1$, 满足

$$f(y) - f(x) = \langle f'_G(z), y - x \rangle$$

记 $\mathcal{L}(X_1, X_2)$ 是 X_1 到 X_2 有界线性变换的空间. 设 $U \subseteq X$ 是开集, $f : U \to \mathbb{R}$ 在 U 上是 Fréchet 可微的. 如果 $f'(\cdot) : U \to X$ 在 U 上是连续的, 则 f 在 U 上是 C^1, 记为 $f \in C^1(U)$. 如果 f 在 U 上是 Gâteaux 可微的且在 U 上有连续导数, 则 $f \in C^1(U)$. 若进一步假设映射 $f'(\cdot) : U \to X$ 本身是 Fréchet 可微的, 它在 $x \in U$ 处的导数记为 $f''(x) \in \mathcal{L}(X, X)$, 则对于每一个 $x \in U$, f 允许有一个局部二阶泰勒展开, 这意味着存在一个邻域 $B(x;\eta)$, 使得对每个 $y \in B(x;\eta)$, 有

$$f(y) = f(x) + \langle f'(x), y - x \rangle + \frac{1}{2} \langle f''(z)(y - x), y - x \rangle$$

其中 z 是连接 x 和 y 的线段上的某个元素. 可以注意到, 若 $f''(y)$ 的范数在 $y \in B(x;\eta)$ 内有界, 有界系数为常数 $2\sigma > 0$, 则

$$f(y) \geqslant f(x) + \langle f'(x), y - x \rangle - \sigma \parallel y - x \parallel^2 \tag{6.2.3}$$

对于所有 $y \in B(x;\eta)$ 成立.

如果 $f'' : X \to \mathcal{L}(X, X)$ 在 U 上是连续的, 记为 $f \in C^2(U)$. 若 $U = X$, 简记为 $f \in C^2$. 我们注意到, 如果 $f \in C^2(U)$, 那么对于每个 $x \in U$, 都存在一个邻域 $B(x;\eta)$ 和常数 σ 使式 (6.2.3) 成立.

定理 6.2.1　设 $f \in \mathcal{F}$, 令 $x \in \mathrm{dom} f$, 则 $\zeta \in \partial_P f(x)$ 当且仅当存在正数 σ 和 η, 使得

$$f(y) \geqslant f(x) + \langle \zeta, y - x \rangle - \sigma \parallel y - x \parallel^2, \quad \forall y \in B(x; \eta) \tag{6.2.4}$$

定理 6.2.1 中的描述也可以用几何方法加以解释. 不等式 (6.2.4) 表明在 x 附近, 若定义二次函数

$$h(y) := f(x) + \langle \zeta, y - x \rangle - \sigma \parallel y - x \parallel^2$$

显然有 $h(x) = f(x)$. 这相当于说, $y \mapsto f(y) - h(y)$ 在 $y = x$ 处有一个局部最小值, 最小值为 0.

在分析下半连续函数时, 定理 6.2.1 中所包含的对近似次梯度的充要条件的描述通常比定义应用起来更为方便. 下面的推论说明了这一点, 并将 $\partial_P f$ 与经典可微性联系起来, 进而表明对于凸函数, 不等式 (6.2.4) 在一个更简单的形式下全局成立.

推论 6.2.1　令 $f \in \mathcal{F}$, 并且 $U \subset X$ 是开的.

(1) 设 f 在 $x \in U$ 处是 Gâteaux 可微的, 则 $\partial_P f(x) \subseteq \{f'_G(x)\}$;

(2) 如果 $f \in C^2(U)$, 则 $\partial_P f(x) = \{f'(x)\}$, 对于所有 $x \in U$;

(3) 如果 f 是凸的, 则 $\zeta \in \partial_P f(x)$ 当且仅当 $f(y) \geqslant f(x) + \langle \zeta, y - x \rangle$ $\forall y \in X$.

注记 6.2.1　推论 6.2.2 (1) 中的包含并不能推广至相等, 因为即使 $X = R$ 和 f 是连续可微的, 也不能保证近似次微分的非空性. 如 C^1 函数 $f(x) = -|x|^{3/2}$ 在 $x = 0$ 处没有近似次梯度.

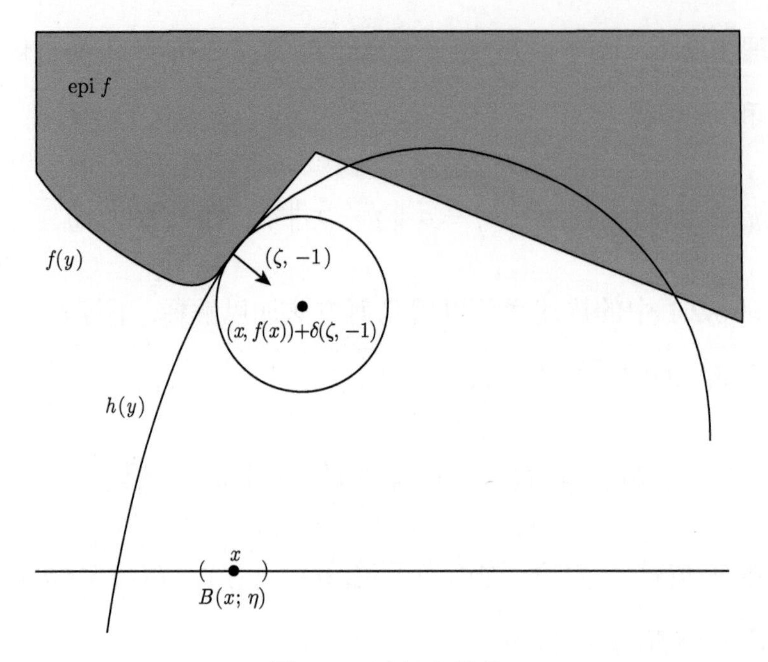

图 6.4 近似次微分

推论 6.2.2 假设 $f \in \mathcal{F}$,

(1) 如果 f 在 x 处有一个局部最小值, 那么 $0 \in \partial_P f(x)$;

(2) 反之, 如果 f 是凸的且 $0 \in \partial_P f(x)$, 则 x 是 f 的全局最小值.

命题 6.2.1 假设 $f \in \mathcal{F}$, 且 $x \in X$, 进一步假设 g 在 x 的邻域内为 C^2, 则

$$\zeta \in \partial_P(f+g)(x).$$

第 7 章　具非凸屈服面弹塑性问题及相关非凸变分不等式的求解

7.1　引　　言

本章引入并研究了一个描述拟定常弹塑性变形边值问题的数学模型. 假定形变过程满足齐格勒正交假设和非相关流动法则的数学模型是一个拟定常变分不等式, 由于力学中相关问题屈服面存在的非凸现象, 所研究的变分问题被归入到非凸变分不等式的研究范畴. 应用巴拿赫不动点定理、星形集理论和近似正则集的研究方法, 我们在一些恰当假设下获得了一些相关非凸变分不等式的性质, 并证明了非凸变分不等式解的存在性. 进而我们构造了相应数学问题的数值算法, 并证明了迭代逼近序列的收敛性结果.

本章的目的不仅是给出对求解非凸变分不等式问题有用的一些性质结论, 更重要的是呈现结合热力学分析手段和非凸集分析理论构造具有非凸屈服面的弹塑性问题的数学模型——拟定常非凸变分不等式的全过程. 我们的结论是对已有结论 [76,86,87] 的完善和推广.

7.2　非凸集与非凸变分不等式

设 X 为实希尔伯特空间, 其内积为 $\langle\cdot,\cdot\rangle$, 相关范数为 $\|\cdot\|$; K

为 X 的非空子集, $CB(X)$ 表示 X 的所有有界闭子集族. 二次可积函数全体形成的 $L^2(\Omega)$ 为一勒贝格空间, $W^{k,p}(\Omega)$ 为索伯列夫空间且 $H^k(\Omega) = W^{k,2}(\Omega)$.

设 C 为 X 中非空闭凸集. 对给定的非线性算子 $\mathrm{T}: X \to X$, 考虑如下问题:

求 $u \in C$ 使得

$$\langle Tu, v-u\rangle \geqslant 0, \quad \forall v \in C \tag{7.2.1}$$

形如式 (7.2.1) 的不等式称为变分不等式, 它最早由 Stampacchia 在 1964 年引入研究 [4].

下面我们回顾非光滑分析与非凸分析中的一些众所周知的概念与重要的辅助性结论 [69,70].

定义 7.2.1 [69] 设 K 为 X 的非空子集, $u \in X$ 点的近似法锥定义如下

$$N_K^P(u) = \left\{\xi \in K \mid \exists t > 0, \text{使得} d_K(u + t\xi) = t\|\xi\|\right\}$$

其中 t 为一常数且 $d_K : X \to \Re$ 为通常意义下的距离函数, 定义为

$$d_K(u) = \inf_{v \in K} \|v - u\|$$

定义 7.2.2 [69] 设 $u \in X$ 为非空子集 K 外部的一点. $v \in K$ 称为邻近点或点 u 在 K 上的投影, 若 $d_K(u) = \|v - u\|$. 所有邻近点的并集记为 $P_K(u)$,

$$P_K(u) = \{v \in K \mid d_K(u) = \|u - v\|\}$$

引理 7.2.1 [69]　设 K 为 X 的非空子集, 则 $\xi \in N_K^P(u)$ 等价于存在一个常数 $\delta > 0$ 使得 $\langle \xi, v-u \rangle \leqslant \delta \|v-u\|^2, \forall v \in K$.

定义 7.2.3　一个闭集 K 在 x 点处称为近似正则等价于存在 $\varepsilon > 0$ 和 $\rho > 0$, 对任意使得 $\|y-x\| < \varepsilon$ 和 $\|v\| < \varepsilon$ 成立的 $y \in K$ 与 $v \in N_K(y)$, 有

$$\langle \xi, x'-y \rangle - \frac{\rho}{2}\|x'-y\| \leqslant 0, \forall x' \in K \text{且} \|x'-x\| < \varepsilon$$

定义 7.2.4　对一给定的 $r \in (0, +\infty]$, 子集 K 称为法向一致 r-近似正则的 $\Leftrightarrow$ K 的所有非零近似法线可以由一个 r-球实现, 即 $\forall v \in K$ 与 $0 \neq \xi \in N_K^p(u)$, 其中 $\|\xi\| = 1$, 有 $\left\langle \dfrac{\xi}{\|\xi\|}, v-u \right\rangle \leqslant \dfrac{1}{2r}\|v-u\|^2, \forall v \in K$.

注记 7.2.1　这里给出几个一致 r-近似正则集的等价描述. 首先, 文献 [70] 指出一个闭集 K 关于管域 $U_K(r)$ 近似正则等价于 K 关于常数 $\dfrac{1}{r'}(0 < r' < r)$ 是一致近似正则的. 考虑到近似正则的概念由 Clarke[88] 于 1995 年提出, 并且更利于描述非凸集边界上所具有的一定的 "光滑" 特性, 下面的证明中我们主要应用近似正则集概念来分析研究相关问题.

(1) 设 K 为一闭集, Clarke 等 [88] 定义 K 为近似正则的, 若 d_K 在形如下述定义的开管域上对 $r > 0$ 是连续可微的

$$U_K(r) = \{u \in X | 0 < d_K(u) < r\}$$

(2) Clarke 等 [88] 证明了: K 近似正则 $\Leftrightarrow$ 存在 $r > 0$ 使得, 对所有 $u \in U_K(r)$, 投影 $P_K(u)$ 非空且对 $v = r\dfrac{u-x}{\|u-x\|}$, 它的每一个元素 x 也属于 $P_K(x+v)$;

(3) Clarke 等 [88] 证明了: 一个弱闭集 K 近似正则 $\Leftrightarrow P_K$ 在管域 $U_K(r)$ 中取单值.

显然近似正则集族是一类相当大的集合, X 中的凸集、p 凸集、$C^{1,1}$ 子流形 (可能为有界集)、凸集的 $C^{1,1}$ 微分同胚的映像及许多其他非凸集均可视为近似正则集的特例 [70]. 当 $r=+\infty$ 时 K 的近似正则性即意味着 K 具有凸性. 众所周知, 当 K 为近似正则集时, 其近似法锥被记为 N_K^P, 是一个闭集值映像. 近似正则集族已在许多非凸应用, 如最优化问题、动力系统和微分 [89-91] 中发挥了重要的作用.

引理 7.2.2 [70,88] 设 K 为 X 的非空闭近似正则集, $r\in(0,+\infty]$. 则下列叙述成立:

(1) $\forall u\in K,\ P_K(u)\neq\varnothing$;

(2) $\forall r'\in(0,r)$, P_K 在 $U_K(r')$ 上关于利普希茨系数 $L=\dfrac{r}{r-r'}$ 是利普希茨连续的;

(3) 设 K 弱闭, 则可得下列等价性质:

K 关于管域 $U_K(r)$ 近似正则 $\Leftrightarrow P_K$ 在 $U_K(r)$ 上取单值.

引理 7.2.3 [70] 设 K 为 X 的弱闭集, 对任意 $x\in K$, 下列叙述等价:

(1) K 在 x 点处近似正则;

(2) P_K 在 x 点附近为单值的.

设 $x\in\Re^d$, $x\neq 0$ 并记 R_x 为射线 $\{\lambda x|\lambda\geqslant 0\}$. 则著名的星形集定义如下.

定义 7.2.5 [91]

(1) 设 A 为 $\Re^d$ 的非空子集. 对所有 $a\in A$, 集合 kern A 被定义为

使得 $\{a \in A, 0 \leqslant \lambda \leqslant 1\} \Leftrightarrow a + \lambda(x-a) \in A$ 成立的所有点. kern A 称为 A 的核;

(2) 若 kern $A \neq \varnothing$ 则称非空闭集 A 为星形集.

关于原点的星形集全体被记为 U. 设 $u \in U$, 函数 $\mu_U(x) = \inf\{\lambda > 0 | x \in \lambda U\}$ 对所有 $x \in \Re^d$ 称为集合 U 的闵可夫斯基度规函数.

引理 7.2.4 [91]　设 $\Re^d \to \overline{\Re}$ 且 $U = \{x | p(x) \leqslant 1\}$. 则下列条件等价:

(1)p 正齐次非负, 下半连续且 $p(0) = 0$;

(2)U 为关于原点的非空星形集且 $p = \mu_U$.

例 7.2.1　下面我们给出几个非凸集的例子.

(1) 文献 [88] 中规定两个不相交区间 $[a,b]$ 和 $[c,d]$ 的并为一近似正则集, 其中 $r = \dfrac{c-d}{2}$. 此时 K 不是一个星形集;

(2) 设 $v = (t,z) \in \Re^2$ 且 $K = \{t^2+(z-2)^2 \geqslant 4, -2 \leqslant t \leqslant 2, z \geqslant -2\}$ 为欧氏平面的一个子集, 则 K 为近似正则集 (见文献 [89]). 此时 K 也不是一个星形集;

(3) 设 $u = (\rho, \theta) \in \Re^2$、$K = \{u | \rho \leqslant 1 - \cos(\theta), r \in [0,2], \theta \in [0, 2\pi]\}$ 为 $\Re^2$ 的子集, 应用定义可知 K 为一关于原点的星形集, 但在 (0, 0) 点不具有近似正则集;

(4) 设 $v = (t,z) \in \Re^2$、$K = \left\{v | \dfrac{(t-0.5)^2}{0.25} + \dfrac{z^2}{(0.5t+0.001)^2} \leqslant 1, 0 \leqslant t \leqslant 2, 0 \leqslant z \leqslant 1\right\}$. 由定义易于验证 K 为一星形集, 同时 K 也是一近似正则集.

若 K 为一非凸集, 则经典变分不等式 (7.2.1) 可推广为式 (7.2.2),

称为非凸变分不等式 [71,74].

设 K 的非空闭子集. 对一给定的非线性算子 $T: K \to K$, 考虑如下问题求 $u \in K$, 使得

$$\langle Tu, v-u\rangle + \delta||v-u||^2 \geqslant 0, \forall v \in K \tag{7.2.2}$$

下面的引理和一些定义在之后的证明中将发挥重要作用:

引理 7.2.5 [92] 设 X 为一自反巴拿赫空间, $\{x_n\}$ 为 X 的有界序列, 则有 $\omega_w(x_n) \neq \varnothing$, 其中 $\omega_w(x_n) = \{x \in H | x_{n_j} \rightharpoonup x, \{n_j\} \subset \{n\}\}$.

定义 7.2.6 映射 $T: K \to K$ 称为:

(1) ζ-强单调, 若存在一个常数 $\zeta > 0$ 使得

$$\langle Tu - Tv, u-v\rangle \geqslant \zeta||u-v||^2, \quad \forall u, v \in K$$

(2) χ-利普希茨连续, 若存在一个常数 $\chi > 0$ 使得

$$||Tu - Tv|| \leqslant \chi||u-v||, \quad \forall u, v \in K$$

(3) (γ, ζ)-松弛余强制, 若存在常数 $\forall \gamma, \zeta > 0$ 使得

$$\langle Tu - Tv, u-v\rangle \geqslant -\gamma||Tu-Tv||^2 + \zeta||u-v||^2, \quad \forall u, v \in K$$

注记 7.2.2 (γ, ζ)-松弛余强制 $\Leftrightarrow$ ζ-强单调性, 但反之不然.

7.3 弹塑性形变问题的热力学分析

设 $\Re^d$ 为 d 维欧氏空间, S^d 为定义在 $\Re^d$ 上的二阶对称张量空间. $\Re^d$ 和 S^d 中的内积与相应范数定义如下:

$$u \cdot v = u_i v_i,\ \|v\| = (v,v)^{\frac{1}{2}},\ \forall u, v \in R^d$$

$$\sigma : \tau = \sigma_{ij}\tau_{ij},\ |\tau| = (\tau : \tau)^{\frac{1}{2}},\ \forall \sigma, \tau \in S^d$$

所有指标 i 和 j 均落在 1 与 d 之间.

由于弹塑性形变模型中, 在应力作用下, 应变除了反映为弹性应变外, 还存在不可恢复的塑性应变. 这时应变增量 ε 可分为弹性和塑性两部分, 弹性应变增量 ε^e 可应用广义胡克定律进行计算, 塑性应变增量 ε^p 可根据塑性增量理论加以计算, 即塑性部分依赖于流动法则和屈服面的描述. 传统塑性理论中, 仅包含了一些准热力学的思想, 如德鲁克公设 (这是一个材料稳定性的验证条件, 隐含着屈服面凸和塑性应变增量关于屈服面的正交性). 但胡亚元 [93] 和刘元雪 [94] 的研究表明传统岩土塑性本构的理论基础——德鲁克公设不适用于岩土材料. 另外, 为弹塑性形变问题构造理论模型时, 经典的思路与方法是：应用几个基本要素(包括屈服条件、流动法则和硬化规律等), 基于著名的德鲁克公设和塑性势能理论构造模型. 然而, 这些要素在研究中通常被假设为相互独立的. 所假设的相互独立性, 在非金属类材料模型中, 尤其是土体材料的本构模型中将导致在某些应力路径上有可能违反热力学定律. 这种破坏行为是土体材料模型可具有非凸弹性区域 (即非凸屈服面) 的一种表征. 我们还应注意这样一个事实: 热力学土体本构规律总是塑性功和塑性耗散函数的显式或隐式表达, 因此只考虑所有塑料功完全耗散而仅有弹性功可恢复的情况是不合理的, 这也是经典塑性理论中的常用讨论方法不再适用于土体材料研究的原因之一. 通过使用热力学方法构造模型, 可以很好地解决出现在应用经典塑性理论分析土体材料过程中的问题.

研究岩土材料本构关系的模型有很多, 其中包括线性、非线性弹性模型及主流的弹塑性模型等. 这些模型大致可以根据构建方法而分为两类: 第一类是通过试验拟合得到的经验型模型, 这类模型基本不考虑能量、耗散等理论机制; 第二类是从给定的理论假设入手, 通过严格的数学推导而得, 应用热力学基本原理得到的岩土本构模型正是这一类的模型代表. 在岩土材料塑性理论中应用热力学原理 (主要包括热力学第一、第二定律) 的分析, 其主要内容参见文献 [95]. 这一方法的核心在于直接从热力学假定出发, 构造能量耗散函数, 研究耗散应力空间和真实应力空间的屈服面和流动法则, 从中发展得到相关塑性理论. 这种方法具有良好的普适性及理论依据明确的优点.

从 20 世纪 50 年代开始, 出现了用热力学方法描述土体的变形和强度的研究. Biot[96] 证明了弹性材料的研究可结合应用不可逆过程热力学原理与力学理论. 基于 1967 年 Coleman 和 Gurtin[97] 提出的广义热力学原理, Ziegler[95] 证明了由试验确定得出的自由能函数和耗散函数可以完全确定岩土材料的本构模型. Houlsby[98] 应用 Ziegler 的方法研究塑性模型, 依赖于随动变量的选择, 他构建了特定的模型, 包括修正剑桥模型的塑性函数表达. 以上工作主要归属于第一类模型, 从理论假设入手的第二类模型现在仍局限于凸分析的框架下, 关于非凸情况下形变体的数学模型未见讨论. 为建立新的土体材料形变问题的数学模型, 我们在重新梳理形变问题基本理论的基础上, 基于热力学的一般建模过程来构建土体材料形变的数学模型. 下面我们来讨论相关的基本概念与关系, 包括能量耗散函数、耗散应力空间屈服函数、流动法则 (基于齐格勒正交原理建立) 等.

为方便研究, 我们从土体材料等温弹塑性形变的热力学框架开始讨论, 其关系如下：

$$\begin{cases} \delta W = \mathrm{d}\Psi + \delta Q \\ \delta Q \geqslant 0 \end{cases} \tag{7.3.1}$$

其中符号 δ 表示状态增量, 而 d 表示过程增量. $\delta W = \sigma : \mathrm{d}\varepsilon$ 为有效功增量, $\mathrm{d}\Psi$ 为亥姆霍兹或吉布斯自由能 (记为 Ψ 或 G) 的微分, 而 δQ 为耗散增量, 以上均是针对每单位体积而言. 所有自由能均为状态内变量的函数 (弹塑性材料的状态变量通常用以下四个参数来描述：应力张量 σ, 应变张量 ε, 熵密度 η, 塑性应变张量 ε^p). 这四个变量的相互关系依赖于广义胡克定律和热力学定律, 且其中只有两个变量可以作为独立状态变量. 基于热力学第一与第二定律可描述上述物理过程, 而模型对等温过程的有效性可参见文献 [95,99].

一般地, 亥姆霍兹自由能函数依赖于两个内状态变量：总应变与塑性应变, 故对于亥姆霍兹自由能函数增量可作如下表达

$$\mathrm{d}\Psi = \frac{\partial \Psi}{\partial \varepsilon} : \mathrm{d}\varepsilon + \frac{\partial \Psi}{\partial \varepsilon^p} : \mathrm{d}\varepsilon^p \tag{7.3.2}$$

比较式 (7.3.1) 和式 (7.3.2), 有

$$\sigma = \frac{\partial \Psi}{\partial \varepsilon}, \delta Q = \pi : \mathrm{d}\varepsilon^p, \pi = -\frac{\partial \Psi}{\partial \varepsilon^p} \tag{7.3.3}$$

其中 π 称为耗散应力. 应用勒让德变换, 可得

$$\Psi(\varepsilon,\varepsilon^p)+G(\sigma,\varepsilon^p)=\sigma:\varepsilon,\sigma=\frac{\partial\Psi}{\partial\varepsilon},\varepsilon=\frac{\partial G}{\partial\sigma} \tag{7.3.4}$$

对耗散增量函数 δQ, 实验表明它依赖于塑性应变、塑性应变增量及真实应力变量. 故设耗散增量函数形如 $\delta Q(\sigma,\varepsilon^p,\mathrm{d}\varepsilon^p)$(或由勒让德变换等价地记为 $\delta Q(\sigma,\varepsilon^p,\mathrm{d}\varepsilon^p)$). 而当考虑的材料处于率无关情况时, 因为应力中不包含与时间有关的量, 则 δQ 是塑性应变增量的一阶齐次函数. 由欧拉等式, 有

$$\delta Q=\frac{\partial(\delta Q)}{\partial(\mathrm{d}\varepsilon^p)}:\mathrm{d}\varepsilon^p \tag{7.3.5}$$

由式 (7.3.3) 和式 (7.3.5), 得

$$\left(\pi-\frac{\partial(\delta Q)}{\partial(\mathrm{d}\varepsilon^p)}\right):\mathrm{d}\varepsilon^p=0$$

即 $\pi-\dfrac{\partial(\delta Q)}{\partial(\mathrm{d}\varepsilon^p)}$ 和 $\mathrm{d}\varepsilon^p$ 具有正交关系. 进而, 有齐格勒正交假设

$$\pi=\frac{\partial(\delta Q)}{\partial(\mathrm{d}\varepsilon^p)} \tag{7.3.6}$$

将式 (7.3.2) 和式 (7.3.5) 代入式 (7.3.1), 得

$$\sigma_{ij}\mathrm{d}\varepsilon_{ij}=\frac{\partial\Psi}{\partial\varepsilon_{ij}}\mathrm{d}\varepsilon_{ij}+\left(\frac{\partial\Psi}{\partial\varepsilon_{ij}^p}+\frac{\partial(\delta Q)}{\partial(\mathrm{d}\varepsilon_{ij}^p)}\right)\mathrm{d}\varepsilon_{ij}^p \tag{7.3.7}$$

且

$$\pi=-\frac{\partial\Psi}{\partial\varepsilon^p}=\frac{\partial(\delta Q)}{\partial(\mathrm{d}\varepsilon^p)} \tag{7.3.8}$$

式 (7.3.8) 说明耗散应力张量 π 可由亥姆霍兹自由能函数或耗散函数导出. 令

$$\rho=\sigma-\pi \tag{7.3.9}$$

其中 ρ 称为迁移 (背) 应力张量.

在式 (7.3.8) 中消去塑性应变增量可得耗散应力空间中屈服函数, 记为 $f(\pi)$, 同时还可得到正交流动法则 $\varepsilon^p = \mathrm{d}\lambda \dfrac{\partial f}{\partial \pi}$.

由式 (7.3.9) 可知, 在耗散应力中加入迁移应力将得到总应力 (真实应力), 故可由耗散应力空间的屈服条件导出真实应力空间中的屈服条件. 若耗散应力空间的屈服函数 $f(\pi)$ 与真实应力无关 (即不以真实应力为参变量), 则形变过程只发生屈服面的漂移, 其屈服轨迹形状并不发生改变, 因而在真实应力空间中流动法则保持正交性. 然而一般情况下, 耗散屈服函数包含真实应力作为变量, 则耗散屈服面不仅发生漂移而且还会有形状改变, 塑性应变增量与真实屈服面将不再能够保持正交关系.

下面, 我们基于几类土体材料弹塑性形变模型的一般情况来构建数学模型. 为便于构建相关数学模型, 我们首先在一类特殊情况下开展讨论:

当亥姆霍兹自由能表达为弹性应变与塑性应变函数之和时, 其为如下结构

$$\Psi = \Psi_1(\varepsilon^e) + \Psi_2(\varepsilon^p) \tag{7.3.10}$$

即模型满足弹塑性解耦情况. 应注意上式是模型 “解耦” 的一个充分必要条件, 在此情况下瞬时弹性模量独立于塑性应变, 相关工作可参见 Lubliner[100,101]、Reddy 和 Martin[102]、Collins 和 Houlsby[103] 的研究在下面的研究中我们将采取上述的 “解耦” 假设. 另外关于耦合与解耦的关系与理论研究见文献 [103,104].

在此情况下, 我们可将关于有效应力的总功增量看作弹性与塑性部分之和, 由式 (3.2.1) 和式 (7.3.10), 有

$$\begin{cases} \delta W^e = \sigma : \mathrm{d}\varepsilon^e = \mathrm{d}\Psi_1 = \dfrac{\partial \Psi_1(\varepsilon^e)}{\partial \varepsilon^e} : \mathrm{d}\varepsilon^e \\ \delta W^p = \sigma : \mathrm{d}\varepsilon^p = \delta Q + \mathrm{d}\Psi_2 = \dfrac{\partial \Psi_2(\varepsilon^p)}{\partial \varepsilon^p} : \mathrm{d}\varepsilon^p + \dfrac{\partial(\delta Q)}{\partial(\mathrm{d}\varepsilon^p)} : \mathrm{d}\varepsilon^p \end{cases} \tag{7.3.11}$$

进而, 可分别得到弹性法则与塑性法则

$$\begin{cases} \sigma = \dfrac{\partial \Psi_1(\varepsilon^e)}{\partial \varepsilon^e} \\ \sigma = \dfrac{\partial \Psi_2(\varepsilon^p)}{\partial \varepsilon^p} + \dfrac{\partial(\delta Q)}{\partial(\mathrm{d}\varepsilon^p)} \end{cases} \tag{7.3.12}$$

由式 (7.3.6)、式 (7.3.9) 和式 (7.3.12), 可分别导出耗散应力与迁移应力

$$\pi = \frac{\partial(\delta Q)}{\partial(\mathrm{d}\varepsilon^p)}, \rho = \frac{\partial \Psi_2(\varepsilon^p)}{\partial \varepsilon^p} \tag{7.3.13}$$

经典理论中, 耗散函数仅依赖于塑性变量及其变化率. 然而, 对于弹塑性土体材料, 耗散函数还与真实应力相关. 这使得我们需要考虑经典理论所讨论情况的推广. 耗散函数耦合于应力张量, 即耗散函数增量可表示为 $\delta Q(\sigma, \varepsilon^p, \mathrm{d}\varepsilon^p)$. 又勒让德变换或勒让德-芬切尔变换的概念可帮助我们将耗散函数增量写为 $\delta Q(\sigma, \varepsilon^p, \mathrm{d}\varepsilon^p)$. 由齐格勒正交假设, 我们可得耗散应力的基本表达式

$$\pi = \frac{\partial(\delta Q)}{\partial(\mathrm{d}\varepsilon^p)}(\sigma, \varepsilon^p, \mathrm{d}\varepsilon^p)$$

故可导出耗散应力空间中的屈服函数 $f(\sigma, \varepsilon, \pi) = 0$, 此时正交流动法则成立, 即

$$\mathrm{d}\varepsilon^p = \mathrm{d}\lambda \frac{\partial f}{\partial \pi}$$

同时

$$\frac{\partial(\delta Q)}{\partial \sigma} = -\mathrm{d}\lambda \frac{\partial f}{\partial \sigma}, \frac{\partial(\delta Q)}{\partial \varepsilon^p} = -\mathrm{d}\lambda \frac{\partial f}{\partial \varepsilon^p}$$

要将耗散应力空间中的屈服函数变换为真实应力空间中的屈服函数, 只需在耗散应力空间屈服函数中将耗散应力加入迁移应力使之成为总应力. 由式 (7.3.9) 有

$$\bar{f}(\sigma, \varepsilon^p) = f(\sigma, \varepsilon^p, \sigma - \rho)$$

故

$$\frac{\partial \bar{f}}{\partial \sigma} = \frac{\partial f}{\partial \sigma} + \frac{\partial f}{\partial \pi} : \frac{\partial \pi}{\partial \sigma}$$

由式 (7.3.3) 和式 (7.3.4) 得

$$\pi = \frac{\partial G}{\partial \varepsilon^p}$$

与

$$\mathrm{d}\varepsilon = \frac{\partial^2 G}{\partial \sigma \partial \sigma} : \mathrm{d}\sigma + \frac{\partial^2 G}{\partial \sigma \partial \varepsilon^p} : \mathrm{d}\varepsilon^p$$

故得

$$\mathrm{d}\lambda \frac{\partial \bar{f}}{\partial \sigma} = \mathrm{d}\lambda \frac{\partial f}{\partial \sigma} + \mathrm{d}\lambda \frac{\partial f}{\partial \pi} : \frac{\partial^2 G}{\partial \sigma \partial \varepsilon^p} = \mathrm{d}\varepsilon^p - \frac{\partial(\delta Q)}{\partial \sigma}$$

即

$$\mathrm{d}\varepsilon^p = \mathrm{d}\lambda \frac{\partial \bar{f}(\sigma, \varepsilon^p)}{\partial \sigma} + \frac{\partial(\delta Q)}{\partial \sigma} \tag{7.3.14}$$

式 (7.3.14) 表明在真实应力空间中塑性流动法则并不是正交型的. 这说明当构建模型时如果考虑耗散耦合情况, 则屈服面从耗散应力空间变换到真实应力空间将引起屈服面形状的改变. 看如下例子.

例 7.3.1 取耗散函数为文献 [105] 中所考虑式 (18) 的一个简化版本, 即设

$$\delta Q=\left[(ap+bp_0)^2\left(\mathrm{d}\varepsilon_v^p\right)^2+(cp+dp_0)^2\left(\mathrm{d}\varepsilon_\gamma^p\right)^2\right]^{\frac{1}{2}}$$

其中 a,b,c,d 为一些试验参数, p,p_0 分别表示静水压力和固结应力值. 应用上面提到的方法可由耗散函数 Q 导出屈服面表达式:

$$\frac{(p-bp_0)^2}{(ap+bp_0)^2}+\frac{q^2}{(cp+dp_0)^2}=1$$

这时我们得到的是一个非凸屈服面, 见图 7.1(b).

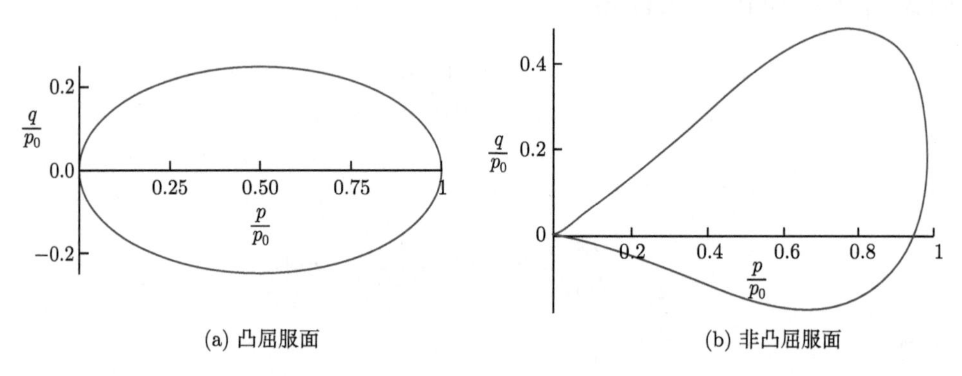

(a) 凸屈服面　(b) 非凸屈服面

图 7.1　应力空间中的凸与非凸屈服面

图 7.1 分别给出了耗散应力空间中的椭圆屈服面 (凸集) 形状和真实应力空间中的非凸屈服面形状. 在接下来的 7.4 节中, 我们将针对弹塑性问题具有非凸屈服面的情况构建相应数学模型.

7.4　模型描述与变分公式

这节我们考虑一个弹塑性土体材料的形变问题. 假设土体材料占有一个开连通有界区域 $\Omega \subset \Re^d$, Ω 的边界 $\Gamma = \partial\Omega$ 是利普希茨的, 设研究的时间区间为 $[0,T], T > 0$. 由于边界是利普希茨连续的, 因而在 Γ 上外法向量几乎处处存在, 记为 v. 体积力 $f(x,t), (f(x,0) = 0)$ 在 $\Omega \times [0,T]$ 上取值.

记 u 为位移, ε 为应变张量, ε^e 为弹性应变张量, ε^p 为塑性应变张量, σ 为应力张量.

在上述假设条件下, 可得如下经典的弹塑性形变体问题.

问题 7.4.1　求位移 $u : \Omega \times [0,T] \to \Re^d$ 使得

$$\sigma = C\varepsilon^t \quad 在\Omega \times [0,T] 中 \tag{7.4.1}$$

$$\operatorname{div}\sigma + f = 0 \ 在\Omega \times [0,T] 中 \tag{7.4.2}$$

$$\varepsilon(u) = \frac{1}{2}\left[\nabla u + (\nabla u)^T\right] \ 在\Omega \times [0,T] 中 \tag{7.4.3}$$

$$\varepsilon(u) = \varepsilon^e + \varepsilon^p \ 在\Omega \times [0,T] 中 \tag{7.4.4}$$

$$u = 0 \ 在\Gamma \times [0,T] 中 \tag{7.4.5}$$

$$u(x,0) = 0, \sigma(x,0) = 0 \ 在\overline{\Omega} 中 \tag{7.4.6}$$

我们对式 (7.4.1) ~ 式 (7.4.6) 作一简要说明. 更多细节性的内容与力学解释, 可参考文献 [25] 中的相关结果. 这里式 (7.4.1) 表示本构律.

等式 (7.4.2) 表示平衡方程, 其中 $\mathrm{div}\sigma = (\sigma_{ij,j})$ 为应力的散度. 式 (7.4.3) 表示应变-应力关系, 而式 (7.4.4) 为应变分解关系. 式 (7.4.5)、式 (7.4.6) 分别为初始条件和边值条件.

由 7.1 节内容可知, 为构造相关弹塑性问题的数学模型, 我们还需描述塑性应变增量与屈服面间的关系. 设土体材料的屈服面为一具有近似正则性的星形闭曲线 (即闭合曲线所围区域 K 不仅是近似正则的而且为星形集), 此时形变体服从非正交的塑性流动法则.

由式 (7.3.14), 有

$$\mathrm{d}\varepsilon^p - \frac{\partial(\delta Q)}{\partial\sigma} = \mathrm{d}\lambda\frac{\partial\bar{f}\,(\sigma, \varepsilon^p)}{\partial\sigma} \tag{7.4.7}$$

故

$$\begin{cases} \mathrm{d}\varepsilon^q \in N_K^p(\sigma), \\ K = \left\{\sigma \in S^d | \overline{f}\,(\sigma, \varepsilon^p) \leqslant 0\right\} \end{cases} \tag{7.4.8}$$

其中 K 为非凸闭集 (K 的边界记为 κ, 即对应的屈服面, 弹性区域为 $\varepsilon = \left\{\sigma \in S^d \mid \overline{f}\,(\sigma, \varepsilon^p) < 0\right\}$), 且 $\mathrm{d}\boldsymbol{\varepsilon}^q \doteq \mathrm{d}\boldsymbol{\varepsilon}^p - \dfrac{\partial(\delta Q)}{\partial\sigma}$ 为非凸集 K 的近似法线.

由引理 7.2.1, 我们将式 (7.4.8) 改写为

存在一个常数 $\delta > 0$ 使得

$$\left(\mathrm{d}\varepsilon^p - \frac{\partial(\delta Q)}{\partial\sigma}\right) : (\sigma' - \sigma) - \delta\left|\sigma' - \sigma\right|^2 \leqslant 0, \forall\sigma' \in K \tag{7.4.9}$$

为导出关于问题 7.4.1 的弱公式, 设问题具有经典的光滑解 (u, p). 在式 (7.4.2) 两边同乘任意光滑函数 ν 并在 Ω 上积分, 可得

$$-\int_{\Omega} \operatorname{div} \sigma \cdot v \mathrm{d}x = \int_{\Omega} f \cdot v \mathrm{d}x$$

应用分部积分公式, 由式 (7.4.1) 有

$$\int_{\Omega} C\left(\varepsilon(u) - \varepsilon^p\right) : \varepsilon(v) \mathrm{d}x = \int_{\Omega} f \cdot v \mathrm{d}x$$

又由式 (7.4.1) 和式 (7.4.9), 可得

$$\begin{aligned}
&\int_{\Omega} \left(\mathrm{d}\varepsilon^p - f_1\left(\varepsilon(u), \varepsilon^p, \mathrm{d}\varepsilon^p\right)\right) : \left(C\left(\varepsilon(v) - \varepsilon_1^p\right) - C\left(\varepsilon(u) - \varepsilon^p\right)\right) \mathrm{d}x \\
&- \int_{\Omega} \delta \left|C\left(\varepsilon(v) - \varepsilon_1^p\right) - C\left(\varepsilon(u) - \varepsilon^p\right)\right|^2 \mathrm{d}x \leqslant 0
\end{aligned} \tag{7.4.10}$$

其中 $C\left(\varepsilon(v) - \varepsilon_1^p\right) = \sigma' \in K$ 且 $f_1\left(\varepsilon(u), \varepsilon^p, \mathrm{d}\varepsilon^p\right) = \dfrac{\partial(\delta Q)}{\partial \sigma}\left(\sigma, \varepsilon^p, \mathrm{d}\varepsilon^p\right)$ 为由耗散函数导出的非线性函数.

为研究上述弹塑性问题, 我们常常会使用如下一些子空间.

$C^m(\Omega)$ 为函数本身及其直到 m 阶导数均连续的函数空间. $C_0^\infty(\Omega)$ 为带有紧支集的无穷光滑函数空间. $W_o^{\kappa,p}(\Omega)$ 为 $C_0^\infty(\Omega)$ 在索伯列夫空间 $W^{\kappa,p}(\Omega)$ 中的闭包.

$$H_0^\kappa(\Omega) = W_0^{\kappa,2}(\Omega)$$

$$V = H_0^1(\Omega)^d$$

$$Q = \left\{\tau = (\tau_{ij}) \mid \tau_{ij} = \tau_{ji} \in L^2(\Omega), 1 \leqslant i, j \leqslant d\right\}$$

定义积空间 $Z_0, Z_0 = V \times Q$.

易于验证在如下内积定义下, 空间 V, Q 和 Z_0 均为希尔伯特空间.

$$\langle u, v \rangle_V = \int_{\Omega} u_i(x) v_i(x) \mathrm{d}x$$

$$\langle\sigma,\tau\rangle_Q=\int_\Omega \sigma_{i,j}(x)\tau_{i,j}(x)\mathrm{d}x$$

与

$$\langle\omega,z\rangle_{Z_\circ}=\int_\Omega \tilde{\sigma}_{i,j}(x)\bar{\tau}_{i,j}(x)\mathrm{d}x$$

其中 $\omega=(u,\varepsilon^p(u))\in Z_0, z=(v,\varepsilon^p(v))\in Z_0, \tilde{\sigma}=\varepsilon(u)-\varepsilon^p(u)$ 且 $\tilde{\tau}=\varepsilon(v)-\varepsilon^p(v)$. 各个空间中的相应范数分别记为 $\|\cdot\|_{v'}\|\cdot\|_Q$ 和 $\|\cdot\|_{Z_0}$.

令 $Z=\{(v,\varepsilon^p(v))\mid(v,\varepsilon^p(v))\in Z_0, C(\varepsilon(v)-\varepsilon^p(v))\in K\}$.

对 $\omega=(u,\varepsilon^p(u))$ 及 $z=(v,\varepsilon^p(v))\in Z$, 引入非线性函数 A.

$$\langle A\omega,z\rangle_{z_0}=\int_\Omega [(\mathrm{d}\varepsilon^p(u)-f_1):C(\varepsilon(v)-\varepsilon^p(v))]\,\mathrm{d}x$$

则可生成如下形式的弱公式.

问题 7.4.2 求位移 $u:[0,t]\to V$ 使得

$$\langle A\omega(t),z-\omega(t)\rangle_{z_0}+\delta|z-\omega(t)|_{z_0}^2\geqslant 0,\forall z\in Z \tag{7.4.11}$$

由于屈服面为一带有近似正则性的星形集, 利用线弹性条件 (7.4.1) 和应变分解条件 (7.4.4), 易知 Z 也是一个带有近似正则性的星形集. 故问题 7.4.2 可应用非凸变分不等式的方法来求解.

7.5 非凸变分不等式解的存在性定理

这一节, 我们应用不动点定理、投影方法、星形集与近似正则集方法分析研究非凸变分不等式 (7.2.2) 的性质定理, 得到了相关的一些引理, 并证明了其解的存在性定理.

引理 7.5.1 [69]　设 K 为 X 的非空子集. 所有 $x \in X$, $u \in P_K(x) \Leftrightarrow$ u 为如下变分不等式的一个解

$$\langle x-u, v-u\rangle \leqslant \frac{1}{2}\|v-u\|^2, \forall v \in K \tag{7.5.1}$$

定理 7.5.1　设 K 为 X 的非空子集. 对给定的非线性算子 T : $K \to K$, $u \in K$ 为非凸变分不等式 (7.2.2) 的一个解等价于对 $u \in K$ 关系式 $u \in P_K(u-\rho Tu)$ 成立, 其中 P_K 为 X 到 K 的投影.

证明　$\Rightarrow$ 设式 (7.2.2) 有解 $u \in K$, 即

$$\langle Tu, v-u\rangle - \delta\|v-u\|^2 \geqslant 0, \quad \exists \delta > 0, \quad \forall v \in K$$

故

$$\langle u-(u-\rho Tu), v-u\rangle - \frac{1}{2}\|v-u\|^2 \geqslant 0, \quad \forall v \in K$$

其中 $\rho\delta = \frac{1}{2}$. 由引理 7.5.1 有

$$u \in P_K(u-\rho Tu)$$

$\Leftarrow$ 若 $u \in P_K(u-\rho Tu)$, 由引理 7.5.1, 可知

$$\langle (u-\rho Tu)-u, v-u\rangle - \frac{1}{2}\|v-u\|^2 \leqslant 0, \quad \forall v \in K,$$

这表明

$$\rho\langle Tu, v-u\rangle + \frac{1}{2}\|v-u\|^2 \geqslant 0, \quad \forall v \in K$$

即

$$\langle Tu, v-u\rangle + \delta\|v-u\|^2 \geqslant 0, \quad \forall v \in K, \quad \delta = \frac{1}{2\rho}$$

故得 $u \in K$ 为式 (7.2.2) 的一个解.

对 $u \in P_K(u - \rho Tu)$, 由引理 7.2.2 与定理 7.5.1, 易知当 $\rho < \dfrac{r}{1+\|Tu\|}$ 时, 有 $0 < d_K(u-\rho Tu) < r$, 即 $u - \rho Tu \in U_K(r)$.

推论 7.5.1 设 K 在 $U_K(r)$ 上是非空近似正则的. 对给定的非线性算子 $T : K \to K, u \in K$ 为非凸变分不等式 (7.2.2) 的一个解等价于对 $u \in K$ 等式 $u = P_K(u - \rho Tu)$ 成立, 其中 $\rho < \dfrac{r}{1+\|Tu\|}$.

对 $u \in P_K(u - \rho Tu)$, 由引理 7.2.3 与定理 7.5.1, 知当 K 在 u 点近似正则时, 有 P_K 在 u 附近取单值, 即存在 $\gamma > 0$, 使得 P_K 在 u 的 γ 邻域中取单值. 故当 $\rho < \dfrac{\gamma}{1+\|Tu\|}$ 时, 有 $0 < d_K(u-\rho Tu) < \gamma$, 即 $P_K(u-\rho Tu)$ 取单值.

推论 7.5.2 设非空集 K 在 u 点是近似正则的. 对给定的非线性算子 $T : K \to K, u \in K$ 为非凸变分不等式 (7.2.2) 的一个解等价于对 $u \in K$ 等式 $u = P_K(u - \rho Tu)$ 成立, 其中 $\rho < \dfrac{\gamma}{1+\|Tu\|}$.

注记 7.5.1 众所周知, 若 C 为 X 的非空闭凸子集, 则对给定的非线性算子 $T, u \in C$ 为变分不等式 (7.2.1) 的一个解等价于对 $u \in C$ 及所有的 $\rho > 0$ 等式 $u = P_K(u - \rho Tu)$ 成立. 定理 7.5.1、推论 7.5.1 与推论 7.5.2 是上述凸分析结论分别在 X 的非空子集、X 的非空近似正则集与 X 的非空近似正则集上的拓展结果.

Opial 性是一种最早定义于巴拿赫空间中的抽象性质, 它在巴拿赫空间中迭代映像的弱收敛性方面有着重要的作用. 该性质是以波兰数学

家 Zdzislaw Opial 的名字来命名的. 设 $(X, \|\cdot\|)$ 为一巴拿赫空间, 称 X 具有 Opial 性, 巴拿赫若对每个 $x \in X$ 及每个弱收敛于 x 的序列 $\{x_n\}$, 则当 $y \neq x$ 时, $\lim\limits_{n\to\infty}\inf\|x_n - x\| < \lim\limits_{n\to\infty}\inf\|x_n - y\|$ 成立.

引理 7.5.2　设 X 为一满足 Opial 性的自反巴拿赫空间,K 为 X 上一非空有界弱闭子集, 若 $T: K \to K$ 为一非扩张映像, 则映像 $I - T$ 在 K 上半闭 (若 $u_n \rightharpoonup u, (I-T)u_n \to w$ 时, 有 $(I-T)u = w$).

证明　设 $\{u_n\}$ 为 K 中满足 $u_n \rightharpoonup u, (I-T)u_n \to w \quad (n\to\infty)$ 的序列. 由于 K 弱闭, 可知 $u \in K$. 若用映像 T_w 替换 T, 其中 T_w 定义为 $T_w x = Tx + w$, 则有 $\|u_n - T_w u_n\| \to 0$, 并且 T_w 也为非扩张映像.

设 $(I-T)u \neq w$, 由 Opial 性, 有

$$
\begin{aligned}
\lim_{n\to\infty}\inf\|u_n - u\| &< \lim_{n\to\infty}\inf\|u_n - T_\omega u\| \\
&= \lim_{n\to\infty}\inf\|u_n - (u_n - T_\omega u_n) - T_\omega u\| \\
&= \lim_{n\to\infty}\inf\|T_\omega u_n - T_\omega u\| \\
&\leqslant \lim_{n\to\infty}\inf\|u_n - u\|
\end{aligned}
$$

这表明 $I - T$ 在 K 上半闭.

1967 年, Opial 定理证明了所有希尔伯特空间均具有 Opial 性 [90].

定理 7.5.2　设 X 为一实希尔伯特空间, K 为一非空有界弱闭星形集, 且在管域 $U_K(r)$ 上近似正则. T 为 (γ,ζ)-松弛余强制且χ-利普希茨连续算子. 若

$$\begin{aligned}&\rho<\frac{r'}{1+\|Tu\|}, \text{对 } r'\in(0,r) \text{ 与}\forall u\in K\\&\beta>0, r'\leqslant r-r\beta^2, \text{其中 } \beta=1-2\rho\varsigma+\rho^2\chi^2+2\rho\gamma\chi^2\end{aligned} \tag{7.5.2}$$

成立, 则非凸变分不等式 (7.2.2) 有解 $u^*\in K$.

证明　由对所有 $u\in K$, $\rho<\dfrac{r'}{1+\|Tu\|}$, 其中 $r'\in(0,r)$, 可知

$$d_K(u-\rho Tu)\leqslant d_K(u)+\rho\|Tu\|<\frac{r'\|Tu\|}{1+\|Tu\|}<r'$$

则对 $u,v\in K$, 得 $u-\rho Tu$ 和 $v-\rho Tv\in U_K(r')$.

由引理 7.2.2, 知对所有 $r'\in(0,r)$, P_K 在管域 $U_K(r')$ 中为利普希茨连续的, 其利普希茨系数 $L=\dfrac{r}{r-r'}$, 即

$$\begin{aligned}\|P_K(I-\rho T)(u)-P_K(I-\rho T)(v)\|&\leqslant\frac{r}{r-r'}\|u-\rho Tu-(v-\rho Tv)\|\\&=\frac{r}{r-r'}\|(u-v)-\rho(Tu-Tv)\|\end{aligned}$$

由 T 的 (γ,ζ)-松弛余强制和χ-利普希茨连续性, 可得

$$\begin{aligned}\|(u-v)-\rho(Tu-Tv)\|^2&=\|u-v\|^2-2\rho\langle Tu-Tv,u-v\rangle+\rho^2\|Tu-Tv\|^2\\&\leqslant(1-2\rho\zeta)\|u-v\|^2+\left(\rho^2+2\rho\gamma\right)\|Tu-Tv\|^2\\&\leqslant\left(1-2\rho\zeta+\rho^2\chi^2+2\rho\gamma\chi^2\right)\|u-v\|^2\end{aligned}$$

进而

$$\|P_K(I-\rho T)(u)-P_K(I-\rho T)(v)\|\leqslant\alpha\|u-v\| \tag{7.5.3}$$

其中 $\alpha=\dfrac{r}{r-r'}\left(1-2\rho\zeta+\rho^2\chi^2+2\rho\gamma\chi^2\right)^{\frac{1}{2}}$.

(1) 当 $0<\alpha<1$, 即 $\beta>0$ 且 $r'<r-r\beta^2$, 其中 $\beta=1-2\rho\zeta+\rho^2\chi^2+2\rho\gamma\chi^2$ 时, $P_K(I-\rho T)$ 为一压缩映像. 由巴拿赫不动点定理知 $P_K(I-\rho T)$ 在 K 中存在唯一不动点, 即存在一个点 $u^*\in K$ 使得 $P_K(u^*+\rho Tu^*)=u^*$. 又由推论 7.5.1, $u^*\in K$ 为非凸变分不等式 (7.2.2) 的唯一解.

(2) 当 $\alpha=1$, 即 $r'=r-r\beta^2$, 其中 $\beta=1-2\rho\zeta+\rho^2\chi^2+2\rho\gamma\chi^2$ 时, $P_K(I-\rho T)$ 为一非扩张映像. 此时我们需要将 (1) 中仅需要满足近似正则性的非空有界弱闭集合 K 扩充为带有近似正则性的星形集.

故存在 $u\in K$ 使得 $u\in\mathrm{kern}K$. 对所有 $n\geqslant 1$, $G\doteq P_K(I-\rho T)$, 令

$$G_n(x)=G\left[\frac{1}{n}u+\left(1-\frac{1}{n}\right)x\right],\quad \forall x\in K$$

由引理 7.2.2 及 T 的 (γ,ζ)-松弛余强制和χ-利普希茨连续性, 对所有 $x,y\in K$, 有

$$\begin{aligned}\|G_n(x)-G_n(y)\|&=\left\|P_K(I-\rho T)\left(\frac{1}{n}u+\left(1-\frac{1}{n}\right)x\right)\right.\\&\qquad\left.-P_K(I-\rho T)\left(\frac{1}{n}u+\left(1-\frac{1}{n}\right)y\right)\right\|\\&\leqslant\frac{r}{r-r'}\left\|(I-\rho T)\left(\frac{1}{n}u+\left(1-\frac{1}{n}\right)x\right)\right.\\&\qquad\left.-(I-\rho T)\left(\frac{1}{n}u+\left(1-\frac{1}{n}\right)y\right)\right\|\\&\leqslant\frac{r}{r-r'}\cdot\left(1-\frac{1}{n}\right)\|(x-y)-\rho(Tx-Ty)\|\\&\leqslant\frac{r}{r-r'}\cdot\left(1-\frac{1}{n}\right)\left(1-2\rho\zeta+\rho^2\chi^2+2\rho\gamma\chi^2\right)^{\frac{1}{2}}\|x-y\|\end{aligned}$$

由 $\alpha = 1$, 得 $\left(1-\dfrac{1}{n}\right)\alpha < 1$. 即对所有 $n \in \mathcal{N}$, G_n 为压缩的. 由巴拿赫不动点定理, 可知对所有 $n \in \mathcal{N}$, $\exists \mid x_n \in K$ 使得 $G_n(x_n) = x_n$.

另外, 讨论

$$
\begin{aligned}
\|(I-G)x_n\| &= \|G_n x_n - Gx_n\| \\
&= \left\|G\left(\frac{1}{n}u + \left(1-\frac{1}{n}\right)x_n\right) - Gx_n\right\| \\
&\leqslant \frac{r}{n(r-r')}\|(u-x_n) - \rho(Tu - Tx_n)\| \\
&\leqslant \frac{\alpha}{n}\|u-x_n\| \to 0(\text{ 当}n \to \infty)
\end{aligned}
$$

由 $K\{x_n\} \subset K$ 和引理 7.2.5, 有 $\omega_w(x_n) \neq 0$. 任取 $\bar{x} \in \omega_w(x_n)$, 存在 $\{x_{n_j}\} \subset \{x_n\}$ 使得 $x_{n_j} \rightharpoonup \bar{x}(j \to \infty)$. 又由 K 的弱闭性得 $\bar{x} \in K$. 应用引理 7.5.2, 得 $G\bar{x} = \bar{x}$, 即存在一个点 $\bar{x} \in K$ 使得 $P_K(\bar{x} + \rho T\bar{x}) = \bar{x}$. 又由推论 7.5.1 知, $\bar{x} \in K$ 为非凸变分不等式 (7.2.2) 的一个解.

推论 7.5.3 设 Z_0 为一希尔伯特空间, Z 为非空弱闭星形集且在管域 $U_Z(r)$ 内具有近似正则性, 算子 $\mathcal{A}$ 为 (γ,ζ)-松弛余强制且χ-利普希茨连续的. 若 $r' \in (0,r)$ 时条件 (7.5.2) 成立, 则非凸变分不等式问题 7.4.2 有解 $u^* \in Z$.

应用定理 7.5.2 证明中第二部分的方法, 可作如下推论.

推论 7.5.4 设 K 为希尔伯特空间 X 的非空有界弱闭星形集. 若 T 为一非扩张映像, 则 T 的不动点集非空.

注记 7.5.2 众所周知, 非扩张映像在非空有界闭凸集上具有不动点 [106]. 但类似的结论对非凸集并不成立. 另外获得非凸变分不等

式 (7.2.2) 解的存在性结果对构造相关算法并证明迭代序列的收敛性有十分重要的作用. 但这方面的研究成果很少, Singh[87] 证明得到了一个非凸集上的不动点定理, 所用的映像 $T : K \to C(X)$ 为一个广义压缩映像. 2010 年, Alimohammadya 等 [76] 应用豪斯多夫伪度量技术证明了一个推广的非凸变分不等式解的存在.

推论 7.5.5　推广了文献 [87] 中的推论 2.7. 而定理 7.5.2 使用不同的方法给出了与文献 [76] 的定理 4.2 相类似的结论. 定理 7.5.2 改进与完善了文献 [86] 中的引理 3.1.

7.6　算法与收敛性

本节中, 设 X 为一实希尔伯特空间, K 为一非空有界弱闭集且在管域 $U_K(r)$ 上具有近似正则性. 下面我们构造求解非凸变分不等式 (7.2.2) 的投影迭代算法. 同时我们将给出相关迭代序列的收敛性结果.

应用变分方法, 我们研究用于求解非凸变分不等式 (7.2.2) 的如下算法.

算法 7.6.1　对一给定的 $u_0 \in K$, 应用如下迭代格式计算逼近解序列 u_{n+1}

$$\langle \rho T u_n + u_{n+1} - u_n, v - u_{n+1} \rangle + \frac{1}{2} \|v - u_{n+1}\|^2 \geqslant 0, \forall v \in K \qquad (7.6.1)$$

称算法 7.6.1 为求解非凸变分不等式 (7.2.2) 的邻近点算法. 可以注意到, 当 $r = +\infty$ 时, 近似正则集 K 成为一个凸集. 算法 7.6.1 退化为相应求解凸变分不等式的情况.

下面给出关于算法 7.6.1 的收敛性结果.

定理 7.6.1 设 K 为希尔伯特空间 X 的一个非空有界弱闭并具有近似正则性的子集, 算子 $T: K \to K$ 为一 (γ, ζ)-松弛余强制和χ-利普希茨连续算子, u_{n+1} 为由算法 7.6.1 生成的逼近序列. 若 $u \in K$ 为式 (7.2.2) 的解且条件

$$\begin{aligned}&\rho < \frac{r'}{1+\|Tu\|}, \text{ 对} r' \in (0, r) \text{ 与} \forall u \in K\\&\beta > 0, r' < r - r\beta^2, \text{ 其中} \beta = 1 - 2\rho\zeta + \rho^2\chi^2 + 2\rho\gamma\chi^2\end{aligned} \tag{7.6.2}$$

成立, 则 $\lim\limits_{n\to\infty} u_n = u$.

证明 设 $u \in K$ 为式 (7.2.2) 的解, 则

$$\langle Tu, v-u\rangle + \delta\|v-u\|^2 \geqslant 0, \forall v \in K$$

由推论 7.5.1, 得

$$u = P_K(u - \rho Tu)$$

又由式 (7.6.1)、引理 7.2.2 和引理 7.5.1, 得

$$u_{n+1} = P_K\left(u_n - \rho Tu_n\right)$$

故

$$\begin{aligned}\|u_{n+1} - u\| &= \|P_K\left(u_n - \rho Tu_n\right) - P_K(u - \rho Tu)\|\\&\leqslant \frac{r}{r-r'}\|u_n - u - (\rho Tu_n - \rho Tu)\|\end{aligned}$$

由算子 T 的 (γ, ζ)-松弛余强制和χ-利普希茨连续性, 有

$$
\begin{aligned}
\|u_{n+1}-u\| &\leqslant \frac{r}{r-r'}\left(\|u-v\|^2-2\rho\langle Tu-Tv,u-v\rangle+\rho^2\|Tu-Tv\|\right)\\
&\leqslant \alpha\|u_n-u\|
\end{aligned}
$$

其中 $\alpha=\dfrac{r}{r-r'}\left(1-2\rho\zeta+\rho^2\chi^2+2\rho\gamma\chi^2\right)^{\frac{1}{2}}$.

进而

$$
\|u_{n+1}-u\|\leqslant\alpha^n\|u_0-u\|
$$

由式 (7.6.2) 得 $\lim\limits_{n\to\infty}u_n=u$.

应用邻近点算法还可以对隐迭代格式计算逼近解的收敛性, 关于非凸变分不等式 (7.2.2) 可定义如下的隐格式迭代算法.

算法 7.6.2　对给定的 $u_0\in K$, 应用如下迭代格式计算逼近解序列 u_{n+1}

$$
\langle\rho Tu_{n+1}+u_{n+1}-u_n,v-u_{n+1}\rangle+\frac{1}{2}\|v-u_{n+1}\|^2\geqslant 0,\quad \forall v\in K
$$

可应用文献 [74]、[78] 中提到的思想研究算法 7.6.2 的收敛性结果.

参 考 文 献

[1] Giannessi F, Cottle R W, Lions J L. Variational inequalities and complementarity problems[J]. Theorems of the alternative, quadratic programs, and complementarity problems, 1980,1: 151-186.

[2] Harker P T, Pang J S. Finite-dimensional variational inequality and nonlinear complementarity problems: A survey of theory, algorithms and applications[J]. Mathematical programming: Series A and B, 1990, 48(1): 161-220.

[3] 张石生. 变分不等式和相补问题理论及应用 [M]. 上海: 上海科技文献出版社, 1991.

[4] Stampacchia G. Formes bilineaires coercitives sur les ensembles convexes[J]. Comptes rendus hebdomadaires des seances de l academie des sciences, 1964, 258(18): 4413-4416.

[5] Hartman P, Stampacchia G. On some non-linear elliptic differential-functional equations[J]. Acta mathematica, 1966, 115(1): 271-310.

[6] Browder F E. A new generalization of the Schauder fixed point theorem[J]. Mathematische annalen, 1967, 174(4): 285-290.

[7] Browder F E. Nonlinear monotone operators and convex sets in Banach spaces[J]. Bulletin of the American mathematical society, 1965, 71(5): 780-785.

[8] Lions J L, Stampacchia G. Variational inequalities[J]. Communications on pure applied mathematics, 1967, 20(3): 493-519.

[9] Lions J L. Optimal Control of Systems Governed by Partial Differential Equations[M]. Berlin: Spring-Verlag, 1971.

[10] Bensoussan A, Lions J L. Nouvelle formulation de problems decontrole impulsionnel et applications[J]. Computes rendus de I'académie des sciences, 1973, 276: 1189-1192.

[11] Bensoussan A, Lions J L. Controle impulsionnel et inequations quasivqri a-tionnelles stationnaires[J]. Computes rendus de I'académie des sciences, 1973, 276: 1279-1284.

[12] Tan N X. Random variational inequalities[J]. Mathematische nachrichten, 1986, 125(1): 319-328.

[13] 张石生, 朱元国. 关于一类随机变分不等式和随机拟变分不等式问题 [J]. 数学研究与评论, 1989, 9: 385-393.

[14] Noor M A. General variational inequalities[J]. Applied mathematics letters, 1988, 1(2): 119-122

[15] Kinderlehrer D, Stampacchia G. An introduction to variational inequalities and their applications[M]. Philadelphia: SIAM, 2000.

[16] Tobin R L. Sensitivity analysis for variational inequalities[J]. Journal of optimization theory and applications, 1986, 48(1): 191-204.

[17] Glowinski R, Lions J L, Tremolieres R. Numerical analysis of variational inequalities[M]. Amsterdam: North-Holland, 1981.

[18] Solodov M V, Svaiter B F. A new projection method for variational in-

equality problems[J]. SIAM journal on control and optimization, 1999, 37(3): 765-776.

[19] Xiu N H, Zhang J Z. Some recent advances in projection-type methods for variational inequalities[J]. Journal of computational and applied mathematics, 2003, 152(1-2): 559-585.

[20] Ferris M C, Pang J S. Engineering and economic applications of complementarity problems[J]. Siam review, 1997, 39(4): 669-713.

[21] Peng J M. Equivalence of variational inequality problems to unconstrained minimization[J]. Mathematical programming, 1997, 78(3): 347-355.

[22] Facchinei F, Pang J S. Finite-dimensional variational inequalities and complementarity problems: Volume I[M]. New York: Springer, 2003.

[23] Chau O, Han W, Sofonea M. A dynamic frictional contact problem with normal damped response[J]. Acta applicandae mathematicae, 2002, 71(2): 159-178.

[24] Chepoi V. On starshapedness in products of interval spaces[J]. Archiv der mathematik, 1995, 64: 264-268.

[25] 韩渭敏, 程晓良. 变分不等式简介：基本理论、数值分析及应用[M]. 北京: 高等教育出版社, 2007.

[26] Ionescu I R, Nguyen Q L, Wolf S. Slip-dependent friction in dynamic elasticity[J]. Nonlinear analysis: Theory, methods & applications, 2003, 53(3-4): 375-390.

[27] Kuttler K L. Dynamic friction contact problem with general normal and friction laws[J]. Nonlinear analysis: Theory, methods & applications, 1997,

28(3): 559-575.

[28] Maceri F, Marino M, Vairo G. An insight on multiscale tendon modeling in muscletendon integrated behavior[J]. Biomechanics and modeling in mechanobiology, 2012, 11(3-4): 505-517.

[29] Oeser M, Pellinien T. Computational framework for common visco-elastic models in engineering based on the theory of rheology[J]. Computers and geotechnics, 2012, 42(5): 145-156.

[30] Marur P R An engineering approach for evaluating effective elastic moduli of particulate composites[J]. Materials letters, 2004, 58(30): 3971-3975.

[31] Argatov I. Sinusoidally-driven flat-ended indentation of time-dependent materials: Asymptotic models for low and high rate loading[J]. Mechanics of materials, 2012, 48(5): 56-70.

[32] Li Y, Xu M Y. Hysteresis loop and energy dissipation of viscoelastic solid models[J]. Mechanics of time-dependent materials, 2007, 11: 1-14.

[33] Signorini A. Sopra aleune questioni di elastostatiea[J]. Atti della societa Italiana per il progresso delle scienze, 1933, 21(2): 143-148.

[34] Duvaut G, Lions J L. Inequalities in mechanics and physics[M]. Berlin: Springer-Verlag, 1976.

[35] Migórski S, Ochal A, Sofonea M. An evolution problem in nonsmooth elastoviscoplasticity[J]. Nonlinear analysis: Theory, methods & applications, 2009, 71(12): 2766-2771.

[36] Kulig A, Migórski S. Solvability and continuous dependence results for second order nonlinear evolution inclusions with a volterra-type opera-

tor[J]. Nonlinear analysis: Theory, methods & applications, 2012, 75(13): 4729-4746.

[37] Costea N, Matei A. Contact models leading to variational-hemivariational inequalities[J]. Journal of mathematical analysis and applications, 2012, 386(2): 647-660.

[38] Migórski S, Ochal A, Sofonea M. History-dependent subdifferential inclusions and hemivariational inequalities in contact mechanics[J]. Nonlinear analysis: Real world applications, 2011, 12(6): 3384-3396.

[39] Migórski S, Ochal A, Sofonea M. Nonlinear inclusions and hemivariational inequalities-models and analysis of contact problems[M]. New York: Springer, 2013.

[40] Chau O, Frernández J R, shillor M, et al. Variational and numerical analysis of a quasistatic viscoelastic contact problem with adhesion[J]. Journal of computional and applied mathematics, 2003, 159(2): 431-465.

[41] Matei A, Sofonea M. Variational inequalities with applications[M]. New York: Springer, 2009.

[42] Rodríguez-Arós A, Viaño J M, Sofonea M. A class of evolutionary variational inequalities with Volterra-type term[J]. Mathematical models and methods in applied sciences, 2004, 14(4): 557-577.

[43] Han W, Sofonea M. Quasistatic contact problems in viscoelasticity and viscoplasticity[M]. Providence: American Mathematical Society, 2002.

[44] Han W, Reddy B D. Plasticity: Mathematical theory and numerical analysis[M]. Berlin: Springer, 2012.

[45] Sofonea M, Shillor M. Variational analysis of quasistatic viscoplastic contact problems with friction[J]. Communications in applied analysis, 2001, 5(1): 135-151.

[46] Chau O, Motreanu D, Sofonea M. Quasistatic frictional problems for elastic and viscoelastic materials[J]. Applications of mathematics, 2002, 47(4): 341-360.

[47] Delost M, Fabre C. On abstract variational inequalities in viscoplasticity with frictional contact[J]. Journal of optimization theory and applications, 2007, 133(2): 131-150.

[48] Vollebregt E A H, Schuttelaars H M. Quasi-static analysis of two-dimensional rolling contact with slip-velocity dependent friction[J]. Journal of sound and vibration, 2012, 331(9): 2141-2155.

[49] Shillor M, Sofonea M, Telega J J. Models and analysis of quasistatic contact, in: Lecture notes in physics vol 655[M]. Berlin: Springer, 2004.

[50] Kuang Y. Delay diffierential equation with application to population dynamics[M]. New York: Academic Press, 1993.

[51] Wang Z F, Chu T G. Delay induced Hopf bifurcation in a simplified network congestion control model[J]. Chaos, solitons and fractals: Applications in science and engineering: An interdisciplinary journal of nonlinear science, 2006, 1:28.

[52] Liao X F, Wong K W, Leung C S, et al. Hopf bifurcation and chaos in a single delayed neuron equation with non-monotonic activation function[J]. Chaos, solitons & fractals, 2001, 12(8): 1535-1547.

[53] Wei J, Ruan S. Stability and bifurcation in a neural network model with two delays[J]. Physica D nonlinear phenomena, 1999, 130(3-4): 255-272.

[54] Das S L, Chatterjee A. Second order multiple scales for oscillators with large delay[J]. Nonlinear dynamics, 2005, 39(4): 375-394.

[55] Comincioli V. A result concerning a variational inequality of evolution for operators of first order in t with retarded terms[J]. Annali di matematica pura ed applicata: IV. Ser., 1971, 88: 357-378.

[56] Park J Y, Jeong J U, Kang Y H. Optimal control of parabolic variational inequalities with delays and state constraint[J]. Nonlinear analysis, 2009, 71(12): 329-339.

[57] Zhu S W. Optimal control of variational inequalities with delays in the highest order spatial derivatives[J]. Acta mathematica Sinica: English series, 2006, 2: 607-624.

[58] Yong J, Pan L. Quasi-linear parabolic partial differential equations with delays in the highest-order spatial derivatives[J]. Journal of the Australian mathematical society 1993, 54(2): 174-203.

[59] Brunn H Kerneigebiete uber[J]. Mathematische annalen, 1913, 73(3): 436-440.

[60] Boltyanski V, Martini H, Soltan P S. Star-shaped sets in normed spaces[J]. Discrete & computational geometry, 1996, 15(1): 63-71.

[61] Conrad F, Rao B. Decay of solutions of the wave equation in a starshaped domain with nonlinear boundary feedback[J]. Asymptotic analysis, 1993, 7(3): 159-177.

[62] Crespi G P, Ginchev I, Rocca M. Existence of solutions and starshapedness in Minty variational inequalities[J]. Journal of global optimization, 2005 32(4): 485-494.

[63] Goeleven D. Noncoercive variational problems and related results[M]. Harlow: Addison Wesley-Longman, 1996.

[64] Penot J P. A duality for starshaped functions[J]. Bulletin of the Polish Academy of sciences: Mathematics, 2002, 50(2): 127-139.

[65] Penot J P. Unilateral analysis and duality[M]//Audet C, Hansen P, Savard G Essays and surveys in global optimization. New York: Springer, 2005.

[66] Naniewicz Z. Hemivariational inequality approach to constrained problems for star-shaped admissible sets[J]. Journal of optimization theory and applications, 1994, 83(1): 97-112.

[67] Lin Z H, Yu B, Zhu D L. A continuation method for solving fixed points of self-mappings in general nonconvex sets[J]. Nonlinear analysis: Theory, methods & applications, 2003, 52(3): 905-915.

[68] Naraghirad E. Existence of solutions and star-shapedness in generalized minty variational inequalities in Banach spaces 1[J]. Technical physics letters, 2009, 17(2): 551-553.

[69] Clarke F H, Ledyaev Y S, Wolenski P R. Nonsmooth analysis and control theory[M]. Berlin: Springer, 2009.

[70] Poliquin R A, Thibault R T R. Local differentiability of distance functions[J]. Transactions of the American mathematical society, 2000, 352(11): 5231-5249.

[71] Noor M A. Iterative schemes for nonconvex variational inequalities[J]. Journal of optimization theory and applications, 2004, 121(2): 385-395.

[72] Bounkhel M, Tadj L, Hamid A. Interative schemes to solve nonconvex variational problems[J]. Journal of inequalities in pure and applied mathematics, 2003, 4(1): 1-14.

[73] Noor M A. Iterative methods for general nonconvex variational inequalities[J]. Albanian journal of mathematics, 2009, 3(3): 117-127.

[74] Noor M A, Al-Said E, Noor K I, et al. On nonconvex bifunction variational inequalities[J]. Optimization letters, 2012, 6(7): 1477-1484.

[75] Glowinski R, Lions J L, Tremonlieres R. Numerical analysis of variational inequalities[M]. Amsterdam: North-Holland, 1981.

[76] Alimohammadya M, Balooee J, Cho Y J, et al. Iterative algorithms for a new class of extended general nonconvex set-valued variational inequalities[J]. Nonlinear analysis, 2010, 73(12): 3907-3923.

[77] Wen D J. Projection methods for a generalized system of nonconvex variational inequalities with different nonlinear operators[J]. Nonlinear analysis, 2010, 73(7): 2292-2297.

[78] Noor M A, Al-Said E, Noor K I,et al. Extragradient methods for solving nonconvex variational inequalities[J]. Journal of computational and applied mathematics, 2011, 235(9): 3104-3108.

[79] Xiao Y B, Huang N J, Cho Y J. A class of generalized evolution variational inequalities in Banach spaces[J]. Applied mathematics letters, 2012, 25(6): 914-920.

[80] Sofonea M, Rodríguez-Arós A, Viaño J M. A class of integro-differential variational inequalities with applications to viscoelastic contact[J]. Mathematical and computer modelling, 2005, 41(11-12): 1355-1369.

[81] 朱尚伟. 最优控制理论与应用中的若干问题 [M]. 北京：科学出版社, 2007.

[82] Campo M, Fernández J R, Rodríguez-Arós A quasistatic contact problem with normal compliance and damage involving viscoelastic materials with long memory[J]. Applied numerical mathematics, 2008, 58(9): 1274-1290.

[83] Figueiredo I, Trabucho L. A class of contact and friction dynamic problems in thermoelasticity and in thermoviscoelasticity[J]. International journal of engineering science, 1995, 33(1): 45-66.

[84] Rodríguez-Arós A, Viaño J M, Sofonea M. Numerical analysis of a frictional contact problem for viscoelastic materials with long-term memory[J]. Numerische mathematik, 2007, 108(2): 327-358.

[85] Moreau J J, 俞鑫泰. 凸分析在弹塑性系统中的应用 [J]. 力学进展, 1984, 2: 91-106.

[86] Noor M A. Projection methods for nonconvex variational Inequalities[J]. Optimization letters, 2009, 3(3): 411418.

[87] Singh N. Fixed point theorems for multifunctions on nonconvex sets[J]. International journal of mathematical analysis, 2007, 1(25-28): 1383-1387.

[88] Clarke F H, Stern R J, Wolenski P R. Proximal smoothness and the lower-C2 property[J]. Journal of convex analysis, 1995, 2(1-2): 117-144.

[89] Noor M A. On an implicit method for nonconvex variational inequalities[J]. Journal of optimization theory and applications, 2010, 147(2):

411-417.

[90] Opial Z. Weak convergence of the sequence of successive approximations for nonexpansive mappings[J]. Bulletin of the American Mathematical Society, 1967, 73(4): 591-597.

[91] Yang X Q, Alistair I M, Fisher M, et al. Progress in optimization[M]. Dordrecht: Kluwer academic, 2000.

[92] Agarwal R P, O'Regan D, Sahu D R. Iterative construction of fixed points of nearly asymptotically nonexpansive mappings[J]. Journal of nonlinear and convex analysis, 2007, 8(1): 61-79.

[93] 胡亚元. 关于率无关塑性力学和广义塑性力学的评述 [J]. 岩土工程学报, 2005, 27(1): 128-131.

[94] 刘元雪. 岩土本构理论的几个基本问题研究 [J]. 岩土工程学报, 2001, 23(1): 45-48.

[95] Ziegler H. An introduction to thermomechanics[M]. Amsterdam: North-Holland, 1983.

[96] Biot M A. Themroelasticity and irreversible thermodynmaics[J]. Journal of applied physics, 1956, 27: 240-253.

[97] Coleman B D, Curtin M E. Thermodynamics with internal state variables[J]. The journal of chemical physics, 1967, 47(2): 597-613.

[98] Houlsby G T. The use of a variable shear modulus in elastic-plastic models for clays[J]. Computers and geotechnics, 1985, 1(1): 3-13.

[99] Ziegler H, Wehrli C. The derivation of constitutive relations from the free energy and the dissipation function[J]. Advances in applied mechanics,

1987, 25: 183-238.

[100] Lubliner J. Plasticity theory[M]. New York: MacMillan, 1990.

[101] Lubliner J. On the thermodynamic foundations of non-linear solid mechanics[J]. International journal of non-linear mechanics, 1972, 7(3): 237-254.

[102] Reddy B D, Martin J B. Internal variable formulations of problems in elastoplasticity: Constitutive and algorithmic aspects[J]. Applied mechanics reviews, 1994, 47(9): 429-456.

[103] Collins I F, Houlsby G T. Application of thermomechanical principles to the modelling of geotechnical materials[J]. Proceedings of the royal society A: Mathematical, 1997, 453(1964): 1975-2001.

[104] Collins I F. Associated and non-associated aspects of the constitutive laws for coupled elastic/plastic materials[J]. International journal of geomechanics, 2002, 2(2): 259-267.

[105] Collins I F, Holder T. A theoretical framework for constructing elastic-plastic constitutive models of triaxial tests[J]. International journal for numerical and analytical methods in geomechanics, 2002, 26(13): 1313-1347.

[106] Smaïl D, Karima H. Fixed point theorems for nonexpansive maps in Banach spaces[J]. Nonlinear analysis: Theory, methods and applications, 2010, 73(10): 3440-3449.

索　引

B

巴拿赫不动点定理，32

巴拿赫空间，94

闭半空间，14

闭包，105

病态函数，83

博雷尔 σ-代数，37

博雷尔可测函数，27

博雷尔修正，27

C

次导数，19

次切线，20

次梯度，20

次微分，20

D

导数，18

德鲁克公设，95

对偶变分公式，76

对偶问题，75

多面体，15

E

二阶对称张量空间，34

F

法向量，17

法锥，17

非负象限，16

非扩张映像，44

非凸变分不等式，89

非凸集，89

非凸屈服面，95

G

格朗沃尔不等式，42

格林公式，36

管域，91

H

亥姆霍兹自由能函数，97

滑动量，37

J

积空间，105

基座，33

近似次梯度，82

近似法线，79

近似法锥，79

近似算子，44

近似正则集，91

具时滞拟定常变分不等式，26

K

开半空间，14

开尔文-沃伊特黏弹性本构方程，41

开邻域，86

科恩不等式，36

库仑摩擦条件，34

L

勒贝格可测函数，38

勒贝格空间，34

勒让德变换，97

勒让德-芬切尔变换，100

离散延迟，28

力的散度，40

利普希茨边界，23

利普希茨连续，24

邻近点，79

屈服函数，99

M

闵可夫斯基度规函数，93

N

内积，36

拟定常变分不等式，21

黏弹体，39

黏性摩擦条件，34

O

欧拉等式，98

Q

齐格勒正交假设，98

迁移（背）应力张量，99

强可测向量值函数，26

R

弱公式，106

弱形式，26

S

上图，82

索伯列夫空间，34

T

弹塑性，94

特雷斯卡摩擦条件，33

投影，79

凸包，15

凸集，15

凸紧集，20

凸锥，16

图，82

W

无摩擦条件，33

X

耗散应力，97

希尔伯特空间，35

下半连续泛函，44

星形集，93

Y

压缩映像，44

一致 r-近似正则集，91

有限多分布延迟，28

有效域，82

Z

正象限，16

锥，16

其他

Câteaux 导数，84

Câteaux 可微，85

$C_0^\infty(\Omega)$ 紧支集无穷光滑函数空间，105

$C^m(\Omega)$ m 阶导数连续的函数空间，105

$CB(X)$ 有界闭子集，90

Fréchet 导数，85

Fréchet 可微，85

$L^2(\Omega)$ 平方可积空间，23

m 维单纯形，15

$N_S^P(s)$ 近似法线，79

Opial 性，108

R^d d 维欧氏空间，23

S^d 张量空间, 23

$W^{k,p}(\Omega)$ 索伯列夫空间，23

$\partial_p f(x)$ 近似次微分，83